生物電子顯微鏡學

國家實驗研究院
儀器科技研究中心出版

作者

陳家全　國立台灣大學動物學學士
　　　　美國喬治亞大學動物研究所進修
　　　　現任國立台灣大學動物學研究所副教授。
　　　　(第一章至第六章)

李家維　國立中興大學植物學學士
　　　　國立台灣大學海洋研究所碩士
　　　　美國加州大學聖地牙哥海洋研究所博士
　　　　現任國立清華大學生命科學研究所教授
　　　　(第七章至第九章)

楊瑞森　國立中興大學植物學學士及碩士
　　　　美國康乃爾大學農學博士
　　　　現任新竹食品工業發展研究所研究員
　　　　(第十章至第十二章)

═════ 編者的話 ═════

　　科儀叢書 3－「材料電子顯微鏡學」在七十九年六月出版後，各方的掌聲及鼓勵不斷，所有的作者及編輯小組同仁欣慰萬分。

　　這一本「生物電子顯微鏡學」的出版是在接力賽的鬥志下積極完成的，希望藉著本書的出版及流傳，更能拓展電子顯微鏡應用的領域。

　　在此非常感謝三位作者：陳家全副教授、李家維教授及楊瑞森博士把多年使用電子顯微鏡的寶貴經驗及研究成果分享給讀者，更要謝謝三位作者在編校本書過程中不斷給予我們的指導。最後我們更懇切的希望各位讀者給我們指正。

郭　懿　純

八十年五月

═══ 序言 ═══

　　在科學研究的領域中，精密的儀器設備與熟練的實驗技巧一直是擴展新知的不二法門，而電子顯微鏡技術可說是融合二者最典型的例子之一，尤其是在生命科學的研究上。從電子顯微鏡發明至今，短短的五十年中，不僅僅是儀器本身的改良突飛猛進，在實際應用上更是快速而廣泛地深入各個相關科系中，不但在形態解剖上提供了超顯微結構的直接證據，更結合了細胞化學、分子遺傳、免疫生化、冷凍生物、放射顯像等技術，使其對生命科學的貢獻遠凌駕於傳統光學顯微鏡之上。

　　然而，電子顯微鏡的構造複雜，涉及許多物理原理，而且操作校正困難，對一般生物出身的學者實在是一大限制；加上生物樣品種類繁多，處理方法各異，非有專業之技術人員實難兼顧。承蒙國科會精密儀器發展中心有心協助提昇各類貴重儀器在國內應用之水準，邀請筆者等編纂生物方面之電子顯微鏡專書，逐將多年來在研究與教學上的實際經驗累積整理成册，提供參考。本書內容著重於電子顯微鏡在生命科學上的應用，全書共分為十二章，分別由李家維博士、楊瑞森博士與本人共同執筆，其中包括穿透式電子顯微鏡及掃描式電子顯微鏡之構造與基本原理、操作及校正技巧、生物樣品處理的各種相關技術以及結果的分析、研判等。為使讀者易於瞭解，書中儘可能條列各種方法步驟，並以圖繪及照片詳加說明，期能對需要利用電子顯微鏡作為研究工具的研究人員或有志加入此行列的新進者有所助益。當然，熟練的電顯技術並不易只靠研讀本書而精通，必須配合實際的操作與不斷的練習、改進，方能得心應手。

　　本書前六章中所有電顯照片均由國科會台北貴重分析儀器使用中心設於國立台灣大學理學院電子顯微鏡室技術員任曉旭小姐協助完成，由衷感激。撰寫期間又蒙精密儀器發展中心編輯小組的耐心催稿及精心編校，方得以順利完成，特在此一併誌謝。

陳　家　全　　謹識

中華民國八十年四月於新店

目錄

編者的話 ·· *vii*

序言 ·· *ix*

第一章　電子顯微鏡簡介 ···························· *1*

一、光學的基本原理 ································· *3*

二、電子顯微鏡的發展與種類 ······················· *5*

三、穿透式電子顯微鏡之構造 ······················· *6*

四、穿透式電子顯微鏡之操作與校正 ················· *11*

・參考文獻 ·· *21*

第二章　固定與包埋 ······························ *23*

一、固定的目的與條件 ····························· *25*

二、固定液 ·· *28*

三、脫水 ·· *31*

四、包埋劑 ·· *32*

五、滲透與包埋 ···································· *34*

六、穿透式電子顯微鏡樣品前處理程序 ··············· *35*

・參考文獻 ·· *37*

第三章　超薄切片技術 ···························· *39*

一、樣品塊的修整 ································· *41*

二、銅網與支持膜 ································· *41*

三、超薄切片機與玻璃刀 ··························· *45*

四、切片 ·· *49*

五、切片時的困擾 ⋯⋯⋯⋯⋯⋯⋯⋯⋯⋯⋯⋯⋯ *51*

六、染色 ⋯⋯⋯⋯⋯⋯⋯⋯⋯⋯⋯⋯⋯⋯⋯⋯⋯ *52*

• 參考文獻 ⋯⋯⋯⋯⋯⋯⋯⋯⋯⋯⋯⋯⋯⋯⋯⋯ *59*

第四章　負染色，金屬投影與鑄模 ⋯⋯⋯⋯⋯ *61*

一、負染色 ⋯⋯⋯⋯⋯⋯⋯⋯⋯⋯⋯⋯⋯⋯⋯⋯⋯ *63*

二、金屬投影 ⋯⋯⋯⋯⋯⋯⋯⋯⋯⋯⋯⋯⋯⋯⋯⋯ *71*

三、表面鑄模 ⋯⋯⋯⋯⋯⋯⋯⋯⋯⋯⋯⋯⋯⋯⋯⋯ *76*

• 參考文獻 ⋯⋯⋯⋯⋯⋯⋯⋯⋯⋯⋯⋯⋯⋯⋯⋯ *81*

第五章　冷凍斷裂與冷凍蝕刻技術 ⋯⋯⋯⋯⋯ *83*

一、冷凍原理與方法 ⋯⋯⋯⋯⋯⋯⋯⋯⋯⋯⋯⋯⋯ *85*

二、冰蝕儀 ⋯⋯⋯⋯⋯⋯⋯⋯⋯⋯⋯⋯⋯⋯⋯⋯⋯ *93*

三、斷裂與蝕刻 ⋯⋯⋯⋯⋯⋯⋯⋯⋯⋯⋯⋯⋯⋯⋯ *96*

四、複製模片之製作與清洗 ⋯⋯⋯⋯⋯⋯⋯⋯⋯⋯ *98*

五、影像之判定 ⋯⋯⋯⋯⋯⋯⋯⋯⋯⋯⋯⋯⋯⋯⋯ *99*

• 參考文獻 ⋯⋯⋯⋯⋯⋯⋯⋯⋯⋯⋯⋯⋯⋯⋯ *105*

第六章　掃描式電子顯微鏡技術 ⋯⋯⋯⋯⋯ *109*

一、掃描式電子顯微鏡之構造與原理 ⋯⋯⋯⋯⋯ *111*

二、樣品之製作 ⋯⋯⋯⋯⋯⋯⋯⋯⋯⋯⋯⋯⋯⋯ *114*

三、臨界點乾燥 ⋯⋯⋯⋯⋯⋯⋯⋯⋯⋯⋯⋯⋯⋯ *120*

四、儀器的使用 ⋯⋯⋯⋯⋯⋯⋯⋯⋯⋯⋯⋯⋯⋯ *123*

• 參考文獻 ⋯⋯⋯⋯⋯⋯⋯⋯⋯⋯⋯⋯⋯⋯⋯ *128*

第七章　細胞化學法 ⋯⋯⋯⋯⋯⋯⋯⋯⋯⋯ *133*

一、前言 ⋯⋯⋯⋯⋯⋯⋯⋯⋯⋯⋯⋯⋯⋯⋯⋯⋯ *135*

二、染核酸的方法 ⋯⋯⋯⋯⋯⋯⋯⋯⋯⋯⋯⋯⋯ *136*

三、染蛋白質的方法 ⋯⋯⋯⋯⋯⋯⋯⋯⋯⋯⋯⋯ *138*

四、染多醣類的方法 ⋯⋯⋯⋯⋯⋯⋯⋯⋯⋯⋯⋯ *140*

• 參考文獻 ·· *142*

第八章　免疫電子顯微鏡術 ·············· **143**

一、前言 ·· *145*

二、製備膠體金 ·· *146*

三、結合膠體金與蛋白質 ·· *149*

四、樣品的製備與標定過程 ·· *154*

• 參考文獻 ·· *157*

第九章　自動放射顯像術 ·············· **159**

一、前言 ·· *161*

二、成像原理與放射性源、感光乳劑之選擇 ·················· *163*

三、製備樣品 ·· *165*

四、暗房設備 ·· *165*

五、覆蓋感光乳劑 ··· *166*

六、顯影及定影 ·· *167*

第十章　生物試樣冷凍製片技術 ·········· **169**

一、前言 ·· *171*

二、一般原理 ·· *172*

三、冷凍置換法 ·· *174*

四、冷凍乾燥法 ·· *181*

五、冷凍切片 ·· *182*

• 參考文獻 ·· *185*

第十一章　生物立體顯微技術 ·········· **189**

一、前言 ·· *191*

二、試樣製備 ·· *194*

三、試樣選取 ·· *195*

四、胞器體積測量 ··· *195*

五、胞器表面積測量 ······················ 200

六、胞器大小測量 ························· 201

七、胞器出現頻度測定 ····················· 202

八、細胞及胞器形狀 ······················ 205

九、立體觀察鏡 (Stereo Viewer) ··············· 206

• 參考文獻 ························· 207

第十二章　分析型電子顯微鏡 ············· **209**

一、前言 ····························· 211

二、電子束對試樣效應 ····················· 211

三、X 光的偵測 ························· 215

四、能量光譜儀的定性分析 ··················· 221

五、能量光譜儀的定量分析 ··················· 223

六、結論 ····························· 231

• 參考文獻 ························· 231

附錄

「科儀新知」相關文獻一覽表(第一卷至第十二卷) ········· 237

索引

Ⅰ.英文名詞索引 ······················· 239

Ⅱ.中文名詞索引 ······················· 253

第一章
電子顯微鏡簡介

陳家全

臺灣大學動物學研究所副教授

一、光學的基本原理 ……………………………………………………………… 3

二、電子顯微鏡的發展與種類 ………………………………………………… 5

三、穿透式電子顯微鏡之構造 ………………………………………………… 6

  ㈠照明系統 …………………………………………………………………… 7

  ㈡呈像系統 …………………………………………………………………… 8

  ㈢影像轉換系統 ……………………………………………………………… 9

  ㈣眞空系統 ……………………………………………………………………10

四、穿透式電子顯微鏡之操作與校正 ………………………………………11

  ㈠開機 …………………………………………………………………………13

  ㈡電子槍的操作與校正 ………………………………………………………14

  ㈢聚光鏡與可動孔徑之校正 …………………………………………………14

  ㈣標本之置換與物鏡之校正 …………………………………………………15

  ㈤對焦與照像 …………………………………………………………………17

  • 參考文獻 ……………………………………………………………………21

自古以來，人類對於無限大與無限小的世界，就一直存有相當的崇敬與好奇心，到底宇宙有多大？物質有多小？而有趣的是，不管是探究浩瀚宇宙的邊際或是鑽研顯微的世界，所使用的工具卻都是光與透鏡。光學顯微鏡的發明，幾百年來已帶領人類遊歷了肉眼所無法見到的世界，然而，光學顯微鏡有其物理學上的極限，仍無法滿足人類永無止境的探索，因而才有了電子顯微鏡的產生。電子顯微鏡的發明可以說是二十世紀最偉大的貢獻之一，不論是在材料科學、電子電機、地質、農業、生物與醫學上均已成為不可缺少的重要研究工具，尤其是在生命科學的研究上，它引領我們進入了超顯微結構 (ultrastructure) 世界的殿堂。

　　與光學顯微鏡比較起來，電子顯微鏡是一種價錢昂貴、體積龐大而且構造複雜的儀器，它利用電子取代了可見光作為照明光源，以電磁透鏡代替玻璃透鏡來偏折電子，必須有強大而穩定的電壓與電流以及極高的真空度方能正常運作，樣品的處理更是要求嚴格。除此之外，精確的校正與妥善的維護保養也都是使用電子顯微鏡必備的條件。如此精密的儀器在使用操作上當然不如光學顯微鏡來得簡單方便，但其所依據之原理基本上與光學顯微鏡非常相似，因此，在深入瞭解電子顯微鏡之前，必須先從光學的基本原理談起。

一、光學的基本原理

　　由於人的眼睛在構造上的限制，一般而言，當兩個物體相距超過 0.2 mm 時，肉眼方區分得出來。因此，要觀察一個微小物體的構造，通常必須靠顯微鏡來協助，而其中有三個重要的因素會直接影響我們所看到影像的清晰度，分別是放大倍率 (magnification)、對比度 (contrast) 與解像力 (resolving power 或 resolution)。放大倍率乃指透過顯微鏡後物體所呈現之影像與實物大小的比值，很顯然的，物體必須能夠放大至超過 0.2 mm 以上，方可爲肉眼所見。而對比度則爲主體與背景明暗差別的程度，通常較高對比度的影像較爲清楚。至於解像力則爲一光學系統中所能區分兩點間最小距離的能力，比如說，人的眼睛爲一光學系統，當二個小點接近至小於 0.2 mm 時，肉眼即無法加以分辨，因此 0.2 mm 稱爲肉眼的最高解像力。一般所使用的光學顯微鏡其最高解像力爲 0.2μ，比肉眼小一千倍，因此一千倍即稱爲光學顯微鏡的最大有效放大倍率 (maximum useful magnification)。雖然我們在使用光學顯微鏡時，放大倍率常可超過一千倍，但其實在這倍數以上，我們所看到的只是一個模糊的放大影像，並未觀察到更微小的構造，所以超過一千倍以上的倍數稱爲無效放大倍率 (empty magnification)。

光學顯微鏡的最高解像力之所以只有 0.2μ，與光的特性有關。我們曉得，光是一種波動 (wave motion)，當兩個光波相遇時會有干涉 (interference) 的現象產生，換句話說，光波的波峰 (crest) 與波谷 (trough) 相遇時的位置會造成累加或相互抵消的狀況。另外，當光波遇到障礙物時，尤其是在穿過小孔洞的時候，會有繞射 (diffraction) 的現象發生。由於干涉與繞射的作用，使得光線在經過一小孔徑 (aperture) 而呈像時，我們所見到的不是一個光點，而是一個個同心的圓環，稱之爲埃氏光環 (Airy disk)，埃氏光環之大小與孔徑大小、波長長短均有關聯，此即影響解像力的主要原因。理論上，根據數學公式的推算，光學顯微鏡的解像力只能達到所使用光線波長的一半。

$$RP = \frac{0.612\lambda}{n\,\sin\alpha} = \frac{0.6 \times 0.5}{1.5} = 0.2\ (\mu)$$

RP：解像力 (resolving power)

λ：波長 (wavelength)

n：折射率 (refractive index)

α：角孔徑 (angular aperture)

可見光之波長由紅至紫約爲 $0.4\ \mu$ 至 $0.7\ \mu$，因此，光學顯微鏡的最高解像力僅爲 0.2μ。而利用較短波長的光線來作爲顯微鏡的照明系統，成爲提昇解像力最有效的途徑。

二、電子顯微鏡的發展與種類

　　光學顯微鏡技術從十六世紀開始，經過數百年來不斷的革新與改進，到了十九世紀時已達到其解像力的極限，要突破此一限制，必須選用波長更短的光線作為照明光源，因而紫外光顯微鏡、X 光顯微鏡相繼產生，但由於彼等所提昇的效率有限，並無重大成就。好在當時物理學家發現，一個高速運動的微小粒子可產生波的形式，此即所謂物質波 (matter wave)。當電子被強大電場加速時，其電子波 (electron wave) 之波長可短至 Å(埃)以下，而且在磁場的作用下，電子會因受力而偏折，利用纏繞的線圈通入電流所產生的強力磁場可使穿過其中的電子產生偏轉，與光經過玻璃透鏡時被偏折的情形相似，因此利用電子作為照明光源，便可突破光學顯微鏡解像力的極限。第一台真正的電子顯微鏡是在 1933 年由 Ruska 所發明的，當時雖然只能達到 400 Å 的解像力　(比光學顯微鏡提高 5 倍)，卻是一項重大的突破，不但使科學研究的領域提昇至超顯微的世界，也使他終於在 1986 年得到諾貝爾物理獎。

　　根據電子照射在標本上的方式以及接收呈像的訊息種類，電子顯微鏡可分為穿透式電子顯微鏡 (Transmission Electron Microscope, TEM)，掃描式電子顯微鏡 (Scanning Electron Microscope, SEM)，掃描穿透式電子顯微鏡 (Scanning Transmission Electron Microscope, STEM)，以及電子微探分析儀 (Electron Probe Microanalyzer, EPMA) 等。當電子照射在標本上時，如果標本夠薄，電子可能直接穿過標本而未碰到任何障礙，即所謂穿透電子 (transmitted electron)，若撞擊到標本上成分原子之原子核，由於電子與原子核二者之質量差別很大，電子會產生相當大角度的偏折或反彈，偏折的電子稱為散射電子 (scattered electron)，反彈回來的電子則稱為背向散射電子 (backscattered electron)。若撞擊到標本成分原子外圍環繞的電子時，除了本身會產生偏折外，也可能將其他電子撞離其原本的電子軌域，此種因被撞擊而脫離原子的電子則稱為二次電子 (secondary electron)。由於電子被撞離電子軌域後，其他能階之電子會過來補充，這種電子在能階上跳動的現象常伴隨著能量的釋出，而此能量之大小視電子能階高低常以特定波長或能量之 X 射線釋出 (圖 1.1)。上述種種訊息均可作為電子顯微鏡呈像之依據，譬如穿透式電子顯微鏡是利用穿透的電子呈像，掃描式電子顯微鏡則以二次電子或背向散射電子來呈像，而 X 射線則可作為電子微探

圖1.1
高速運動之電子撞擊在樣品
上時所產生的各種可能狀況。

分析儀分析樣品成分元素之依據。

三、穿透式電子顯微鏡之構造

　　穿透式電子顯微鏡 (圖 1.2) 主要由主體 (main body) 、真空系統 (vacuum system) 及電路系統 (electronic system) 所組成，主體又包含鏡柱 (column) 及一些控制鍵鈕，其中鏡柱為電子顯微鏡中最重要的部分，由上而下分別為照明系統 (illuminating system) 、呈像系統 (image forming system) 及影像轉換系統 (image translating system)；真空系統則包括真空唧筒 (vacuum pump) 與冷卻系統 (cooling system)。至於電路系統，除了負責提供電子顯微鏡強大之加速電壓 (accelerating voltage) 及電流用以加速和偏轉電子外，並控制顯微鏡之操作與校正等，分別詳述於下。

圖1.2　穿透式電子顯微鏡外形構造圖。

㈠照明系統

　　照明系統是由電子槍 (electron gun) 與聚光鏡 (condenser lens) 所組成，其最大之作用在產生電子並將之聚集成電子束 (electron beam) 照射於標本上。電子槍之構造如圖 1.3，陰極爲一 V 字形鎢絲稱爲燈絲 (filament)，外圍有一威氏罩 (Wehnelt cap)，燈絲在加熱至 2600°C 左右時即會有大量的電子自尖端釋出

燈絲
(-75000V)

威氏罩
(-75500V)

電子束交叉

陽極

圖1.3
電子槍之構造以及電子由燈絲釋出
後經過威氏罩形成電子束交叉之情
形。

。通常我們提供燈絲約－ 60 KV 至－ 100 KV (千伏特) 之電壓以加速電子，並
使威氏罩較燈絲更負 100～500 伏特，以便讓電子能聚成一電子束交叉 (gun
crossover)，並經由威氏罩上之小孔而穿過陽極進入聚光鏡。目前之電子顯微鏡
均採用多重聚光鏡裝置，可隨意調整電子束聚集後之光點大小 (spot size) 及亮
度，以便達到適當範圍的照明區域，減少對樣品破壞的程度。聚光鏡上並有一可
選擇不同孔徑大小之可變孔徑 (movable aperture) 以及用來校正聚光鏡磁場對
稱性的像散校正器 (stigmator)。

(二)呈像系統

　　呈像系統由一系列電磁透鏡 (electromagnetic lens) 所組成 (圖 1.4)，分別為
物鏡 (objective lens)、中間鏡 (intermediate lens) 與投射鏡 (projector lens)。
物體的影像經過這些透鏡放大後，可達數十萬倍乃至百萬倍，而其中以物鏡之構
造最為複雜也最重要。物鏡為樣品置入之處，置入樣品的方式可分為頂進式 (top-
entry) 與側進式 (side-entry) 兩種，視機型而定。此處也有一可變孔徑，稱為物
鏡可變孔徑 (objective movable aperture)，可提昇影像之對比度；唯此可變孔
徑極易被污染，須定期取出以真空高熱方式將污染物去除，否則會影響樣品的觀

圖1.4　穿透式電子顯微鏡鏡柱之剖面結構。

察，造成影像不清楚。另有一像散校正器，用以校正物鏡磁場之對稱性，並有一抗污裝置 (anticontaminator) 可灌入液態氮，用以冷卻標本因電子束照射所產生的高溫以減少鏡柱受污染的程度。

㈢影像轉換系統

電子是肉眼所無法感受到的，因此必須將電子所呈現之訊息轉換成肉眼能察覺到之影像方可觀察。影像轉換系統包括一螢光板 (fluorescent screen) 和一相

機 (camera)。螢光板位於投射鏡下方，其表面塗有含鉛 (Zn) 與鎘 (Cd) 的硫化物顆粒，當電子撞擊其上時會產生肉眼可見之光線，通常電子顯微鏡可加裝一組光學透鏡將螢光板上之影像再予放大，以便於精確對焦。由於螢光板上的影像僅為暫時性，且其感光顆粒遠不及底片上顆粒微細，無法作精細的研判，因而在螢光板下方裝有相機，當螢光板掀開時，影像可直接投射於底片上而記錄成永久之影像。底片必須經過顯影 (development)、定影 (fix) 等過程沖洗成負片，再經由暗房技術沖印成相片以便於判圖及發表，故暗房技術亦成為電子顯微鏡使用者必備之技術。

㈣眞空系統

電子在一特定眞空度下運動時會與殘留的空氣分子相碰撞，從一次撞擊到下一次撞擊間所行進的距離稱為電子的平均自由徑 (mean free distance)。通常在 10^{-3} torr (1 torr＝1 mmHg) 的眞空度下，電子的平均自由徑約僅有 1 公尺，因此電子顯微鏡必須達到 10^{-4} torr 以上的眞空度才可確保電子在鏡柱內行進的過程中不受空氣分子的干擾。一般而言，電子顯微鏡均維持在 10^{-4} 至 10^{-6} torr 的眞空度內，其眞空系統由一組眞空唧筒所組成，包括一迴轉式唧筒 (rotary pump) 與一擴散式唧筒 (diffusion pump)，迴轉式唧筒以壓縮方式將氣體排出 (圖 1.5)，約可達 10^{-2} torr 之眞空度，擴散式唧筒靠加熱汽化的油氣分子快速運動，將空氣分子帶出，可使眞空度達 10^{-6} torr，但必須利用冷卻水使油氣液化循環 (圖 1.6)。

圓柱轉軸

圖1.5
迴轉式唧筒之構造及其作用。利用偏離中心的圓柱形轉軸沿著內壁運轉形成三個腔室，並以壓縮的方式將空氣排出。

鏡　　柱

冷却水管

接廻轉式唧筒

油

加熱器

圖1.6

擴散式唧筒之構造及其作用。
利用加熱汽化的油氣分子快速
自傘形狹縫噴下，將空氣分子
帶至底端，再由迴轉式唧筒將
空氣抽出，並利用冷卻水使油
氣液化循環。

四、穿透式電子顯微鏡之操作與校正

　　電子顯微鏡由於構造複雜，操作上亦較一般光學顯微鏡困難，因此除了熟練的操作技巧外，並須具備精確校正的能力，否則很難達到儀器應有之水準。不論是光學顯微鏡所使用的玻璃透鏡或電子顯微鏡所使用之電磁透鏡，由於製造上不可能達到完美，因此會有所謂的像差 (lens aberrations) 產生，這些缺陷包括球面像差 (spherical aberration) 、色像差 (chromatic aberration) 以及像散 (astigmatism) 等。以電子顯微鏡來說，球面像差是因為電磁透鏡所產生之磁場在透鏡邊緣與中心的大小不同，因而對電子之偏轉能力也不一樣，通過透鏡邊緣之電子被偏轉角度較大，焦距較短；而通過中心的電子被偏轉之角度較小，焦距較長，造成經過邊緣與中央的電子並不聚在同一點上，而是形成所謂的最小模糊圈 (circle of minimum confusion)，此圓圈的大小決定了解像力之高低 (圖 1.7)。其校正的方法可利用較小的孔徑遮去邊緣的電子，使最小模糊圈變小，但使用的孔徑越小，造成的埃氏光環越大，又限制了解像力的提昇。色像差則是因為由燈絲所產生的電子被加速後彼等所具有的能量或速度並不一致，尤其是穿過標本後的散射電子。速度越快的電子在磁場中被偏轉的程度較小，速度慢的電子被偏轉的程度較大，亦造成焦距不在同一點上而影響影像之清晰度 (圖 1.8)。同樣的，我們也可利用較小的孔徑濾掉散射電子，使呈像電子的速度較為一致，但也因埃氏

圖1.7

球面像差的產生是由於經過透鏡外緣與
中心之電子偏折角度不同，因而聚集在
不同的焦點上形成一最小模糊圈（空心
箭頭所示）。

圖1.8

色像差的形成乃由於不同能量或速度
的電子經過透鏡後聚集的焦點不一而
造成影像模糊。

光環的變大而影響解像力。由此可見，在電子顯微鏡上，校正像差的方法往往也是使解像力變差的因素，這也就是何以電子顯微鏡無法達到 1/2 波長理論解像力的原因。至於像散則是由於磁場的不對稱，使電子進入透鏡時在不同軸面之偏轉程度不同，而使影像變形 (圖 1.9)，校正的方法是利用像散校正器加強磁場較弱的軸面而使之對稱。一個電子顯微鏡的操作員必須知道如何校正上述之像差，方可得到較高之解像力，現將基本的操作與校正步驟分述於下。

㈠開機

　　首先必須打開總電源開關及冷卻水系統，然後啟動真空系統，先以迴轉式唧筒將鏡柱抽至 10^{-2} torr，再以擴散式唧筒使之達到 10^{-4} 至 10^{-6} torr 後方可使用。現代的電子顯微鏡均設計成全自動真空系統，只需啟動真空系統開關，真空唧筒的運作以及真空閥 (vacuum valve) 的開閉均自行循一定順序作用，無需人為操作，可避免人為疏忽而造成油氣倒灌，通常約 20 分鐘可完成。

物體

電磁透鏡

影像

圖1.9
當電磁透鏡的磁場在 X 軸與 Y 軸上不對稱時，物體經過透鏡呈像亦不在同一平面上，因而造成影像扭曲，此即像散的造成原因。

㈡電子槍的操作與校正

　　當真空度到達後，便可打開顯微鏡之電路系統。首先選擇加速電壓至 60 到
100 KV，待電壓穩定後再加熱燈絲至飽和點 (saturation point)。一般而言，燈
絲之壽命以及釋出電子的多寡均與加熱之溫度有關，當溫度在 2600°C 時，所釋出
之電子數目足夠照明所需，且可維持 40 至 80 小時之壽命，爲最理想之狀況。所
謂燈絲飽和點即當燈絲逐漸加熱時，在螢光板上可見燈絲之影像，隨著溫度逐漸
加高，影像由中空光環形狀逐漸成爲一實心光點，此時即爲燈絲之飽和點。燈絲
位置之正確與否，可由未達飽和點時燈絲影像之光環形狀及在螢光板上之位置來
判定，並加以校正 (圖 1.10)。適度的傾斜或平移燈絲之位置至影像成爲一對稱的
中空光環，且位於螢光板中央，再加熱至其飽和點即完成校正步驟。

㈢聚光鏡與可動孔徑之校正

　　聚光鏡可將電子束聚集於標本上，並可調整照明範圍之大小與照明亮度，通
常有一像散校正器可校正透鏡磁場之對稱性，使電子束聚成一對稱光點。另有一

圖1.10　燈絲的裝置可由不飽和時燈絲影像的形狀與在螢光板上的位置判定並作
　　　　校正。

可變孔徑亦須校正，在選定適當大小之孔徑後，利用電子束在被聚集時照明光點的變化，調整孔徑位置至不管是在焦前 (under focus) 或焦後 (over focus) 時，照明光點均在同一位置形成同心圓即成 (圖 1.11)。

㈣標本之置換與物鏡之校正

標本之置換隨著不同廠牌與機型有很大差異，在此不一一詳述，只須依使用說明操作即可。至於物鏡之校正則可分為三部分：

1.電流中心與電壓中心

所謂電流中心 (current center) 或電壓中心 (voltage center) 乃指以一定頻率來回改變物鏡之電流強度或電子槍加速電壓之大小，從影像晃動的方式來判定及校正電子束與鏡柱主軸之對稱性的一種依據。當電子束與鏡柱主軸一致時，從

圖1.11　聚光鏡可變孔徑之校正可經由來回變換聚焦的強弱時，光點是否呈同心圓環來判定。孔徑位置不正確時，在焦前的狀態下，光點會被遮去一邊，此時將孔徑朝焦後時之光點中央處移動即可。

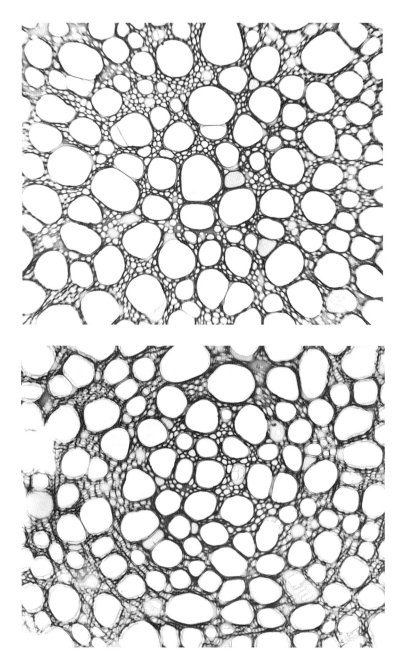

圖1.12　電壓中心正確時，物體影像以螢光板中央為中心呈放射狀晃動(上圖)；當
　　　　電流中心正確時，影像則循順時針與逆時針方向來回晃動(下圖)。

電壓中心可觀察到物體影像以螢光板中央為中心，隨電壓改變的頻率對稱地放大與縮小。而由電流中心則可觀察到影像對稱於中心點沿逆時針與順時針方向來回晃動 (圖 1.12)。若影像晃動不對稱，則可調整電子束傾斜裝置 (beam tilt) 控制鈕使之對稱。

2.物鏡可變孔徑之選擇與調整

　　物鏡可變孔徑之大小與影像對比度及解像力均有關聯；孔徑越小時對比度越高，解像力反而越差，因此，選擇適當大小的物鏡孔徑可提昇影像之清晰度（圖 1.13)。當然，孔徑必須位於主軸中央方不致影響影像品質。

3.物鏡像散之校正

　　物鏡是物體呈像最直接的透鏡，也是影響最大之透鏡，而在各種像差影響中又以像散最為重要，尤其是在高倍率的時候。物鏡像散的校正通常有兩種方式：一為伏氏緣紋法 (Fresnel fringe method)，一為線曳法 (line drawing method)。伏氏緣紋法是以多孔膜 (holly film) 作為校正之樣品，先在高倍下找到一圓形小洞，對焦於焦後 (over focus) 使小洞邊緣出現一黑圈，調整像散校正器使黑圈呈對稱，逐漸改變焦距，使小洞邊緣之黑圈消失，若黑圈不同時消失，再調整像散校正器使之對稱，如此來回調整直至在正焦 (just focus) 時黑圈均勻消失為止 (圖 1.14)。線曳法則是以微細顆粒組成之樣品作為校正之工具，當焦距變動時若有像散存在，則影像會被拉扯成線狀，逐一調整像散校正器直至影像在焦距變動時只有清晰度改變，顆粒不再變形扭曲即可 (圖 1.15)。

㈤對焦與照像

　　經過上述的校正後，只要對焦正確便可得到清楚之影像。所謂對焦(focusing)即在特定放大倍率下調整物鏡之電流強度，使得最後之影像得以清楚地呈現於螢光板上。通常在正焦時影像之解像力最高，但對比度較差；錯焦 (defocus) 時，則會損失解像力，但可提高對比度 (圖 1.16)。由於波的干涉與繞射現象，在焦後時影像邊緣會出現黑圈，焦前 (under focus) 時會呈現白邊，二者均能使對比度提高。習慣上我們以些微的焦前作為最後對焦狀況，因為此時物體所呈現之影像有較高之對比度又不會造成影像誤判，尤其是在生物標本的觀察上，對於影像清晰

圖1.13　物鏡可變孔徑的大小與對比度高低之關係。上圖使用 200μ 之孔徑，下圖
　　　選用 50μ 之孔徑，孔徑越小，濾掉的散射電子越多，對比度就越高。

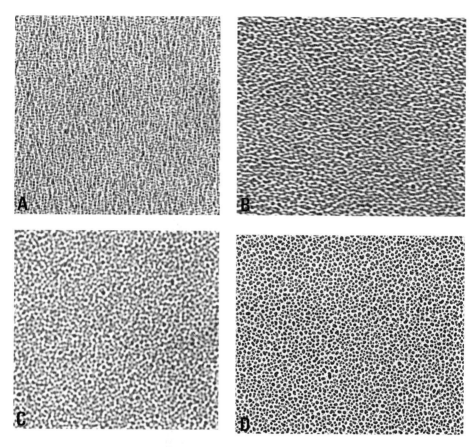

圖1.14　以線曳法校正物鏡的像散可利用顆粒狀的物體作為校正的材料，當物鏡磁
　　　　場不對稱時，不管如何對焦，影像會在 X 軸或 Y 軸方向被拉扯成線狀(A，
　　　　B)，調整像散校正器至焦距改變時物體影像只會模糊(C)或清楚(D)而無變
　　　　形產生，即完成校正步驟。

程度的影響，對比度的因素遠比解像力來得重要，故輕微焦前可有最理想之結果。

　　對焦完成後，調整適當亮度與曝光時間即可將螢光板掀開，讓影像直接顯現
於底片上。由於電子顯微鏡有相當長的焦深 (depth of focus)，螢光板與底片雖不
在同一平面上，但對影像之清晰度完全無影響，也就是說只要在螢光板上對焦正
確，底片上可得到相同清晰之影像。曝光完成後，經過負片顯像及相片沖印等步

圖1.15　以伏氏緣紋法校正物鏡像散通常利用多孔膜上的小圓洞校正。(A)對焦在
　　　　焦前時影像邊緣出現一白圈；(B)將對焦狀況調至焦後時影像邊緣則出現
　　　　一黑圈，此即所謂的伏氏緣紋。由焦後逐漸朝向正焦移動，若物鏡磁場不
　　　　對稱時可見 X 軸方向或 Y 軸方向之黑圈先消失(C，D)；調整像散校正器
　　　　使影像邊緣之黑圈對稱(E)，並繼續朝正焦方向改變焦距，如此重複數次直
　　　　至接近正焦時，黑圈均勻地消失爲止(F)。

圖1.16 錯焦時影像對比度較對焦準確時爲高，其中又以些微的焦前對比度最高。

驟，即可得到永久的影像。

參考文獻

1. Agar, A. W., R. H. Alderson and D. Chescoe (1974), Principles and practice of electron microscope operation, North-Holland, New York.

2. Barnett, M. E. (1974), Image formation in optical and electron transmission microscopy. J. Micros., 102：1.

3. Bayer, M. E. and T. F. Anderson (1963), The preparation of holey films for electron microscopy, Experimantia, 19：1.

4. Buage, R. F. (1973), Mechanisms of contrast and image formation of biological specimens in the transmission electron Microscope. J. Micros., 98：251.

5. Nagata, T. and K. Hama (1971), Chromatic aberration and the electron microscope image of biological sectioned Specimens. J. Electron Micros., 20：172.

6. Meek, G. A. (1976), Practical electron microscopy for biologists, 2nd ed., John Wiley & Sons, London.

7. Watt, I. M. (1985), The principles and practice of electron microscopy, Cambridge University, Australia.

8. Wischnitzer, S. (1989), Introduction to electron microscopy, 3rd ed., Pergamon Press, New York.

第二章
固定與包埋

陳家全

臺灣大學動物學研究所副教授

一、固定的目的與條件 ……………………………………… *25*

　㈠固定液的酸鹼度 ……………………………………… *25*

　㈡緩衝溶液的種類及滲透壓 …………………………… *26*

　㈢固定液的濃度 ………………………………………… *26*

　㈣固定時間的長短 ……………………………………… *26*

　㈤固定時的溫度 ………………………………………… *27*

　㈥樣品體積的大小 ……………………………………… *28*

二、固定液 ………………………………………………… *28*

三、脫水 …………………………………………………… *31*

四、包埋劑 ………………………………………………… *32*

　㈠ Epon …………………………………………………… *33*

　㈡ Spurr's resin ………………………………………… *33*

五、滲透與包埋 …………………………………………… *34*

六、穿透式電子顯微鏡樣品前處理程序 ………………… *35*

　• 參考文獻 ……………………………………………… *37*

生物樣品通常含有相當多的水分，因此在能夠以顯微鏡觀察其微細構造之前，必須經過極複雜的前處理步驟。早在電子顯微鏡技術發展以前，光學顯微鏡的樣品處理方法已經發展得相當完備，這些步驟包括固定 (fixation)、脫水 (dehydration)、滲透 (infiltration)、包埋 (embedding)、切片 (sectioning) 與染色 (staining)。電子顯微鏡技術上的樣品處理與光學顯微鏡相類似，但為了要保持物體原有的微細結構，在要求上更為嚴格也更精細，所使用的固定液 (fixative)，包埋劑 (embedding medium) 與光學顯微鏡略有不同，切片與染色的方法也經過不斷的修正與改良，本章只探討固定至包埋的方法，切片與染色技術則將於下一章中詳細介紹。

一般而言，電子顯微鏡樣品固定的方式有二：一為化學固定 (chemical fixation)，利用一些特定的化合物與生物標本中之蛋白質、脂肪、核酸等物質作用形成交錯結合 (cross linkage) 而達到保持樣品原有結構的目的。一為冷凍固定 (cryofixation)，此乃利用急速冷凍方式使生物樣品凍結成固體，而有維持微細構造的作用。本章以介紹一般化學固定為主，冷凍固定則將於第五章中詳加說明。

一、固定的目的與條件

樣品固定的最主要目的在於保持其原有的微細構造，避免因接下來的脫水、包埋、切片、染色等樣品處理過程以及於電子顯微鏡中觀察時電子束的照射等行為使樣品發生變形，以致影響影像之判斷。因此，固定時任何足以影響結果的因素都必須加以考慮。通常影響樣本固定品質好壞的原因如下：

㈠固定液的酸鹼度

　　生物細胞均有其特定之 pH 值，當固定液之酸鹼度與細胞相差太大時容易造成細胞內部微細構造的破壞，因此固定液的配製通常以緩衝溶液 (buffer) 來維持一定的 pH 值。動物細胞之 pH 值約為 7.0 至 7.4，植物細胞為 6.8 至 7.2，原生動物、無脊椎動物以及胚胎組織則為 8.0 左右。

(二)緩衝溶液的種類及滲透壓

　　對於一般生物組織細胞而言，最常被用來作為配製固定液的緩衝溶液為磷酸緩衝液 (phosphate buffer) 與二甲肿緩衝液 (cacodylate buffer)，有些特殊樣品如組織培養之細胞或分離的白血球、血小板等則視其特性以特殊緩衝溶液為之。除了 pH 值外，滲透壓 (osmolarity) 亦為重要因素，常以蔗糖 (sucrose) 作為維持滲透壓的物質，以避免在固定時造成細胞皺縮或脹大。緩衝溶液的配方如下：

1. 0.2 M 磷酸緩衝液 (Phosphate Buffer)

A 溶液：NaH_2PO_4 H_2O　　　　　　　　　　　27.6 g/L
B 溶液：Na_2HPO_4 (不含結晶水)　　　　　　　28.4 g/L
23 mL 的 A 溶液與 77 mL 的 B 溶液混合 (pH = 7.3)

2. 0.2 M 二甲肿酸緩衝液 (Cacodylate Buffer)

二甲肿酸鈉 (sodium cacodylate) (不含結晶水)　　4.28 g
蒸餾水　　　　　　　　　　　　　　　　　　　100 mL
以 1N 的 HCl 調整 pH 值至 7.0〜7.3

(三)固定液的濃度

　　不同的固定液有不同的滲透能力，而滲透速度的快慢與其濃度有關；理論上，濃度越高，固定的速度越快，但濃度過高時常會造成細胞破壞，濃度太低時固定效果又不足，故應視樣品種類配製適當濃度之固定液。

(四)固定時間的長短

　　由於多數固定液滲透的速度不快，故需固定一段時間，然而固定時間過長極易造成細胞中物質的流失，因此，固定時間應儘可能縮短，通常在數小時中即應完成。當然，固定時間的長短，與樣品之大小、固定液的種類、濃度均有關聯，如果是單細胞生物或組織培養的單層細胞，固定時間只須 15 分鐘即可，若爲具有堅硬細胞壁的植物組織如**孢子**、花粉等，則可增長至 2～3 小時，而且在固定的過程中應經常搖盪固定用的小玻璃瓶，固定效果將較爲理想。

㈤固定時的溫度

　　習慣上，樣品的固定多在 0～4℃ 中進行，其目的在減緩細胞中酵素的活性，以避免自溶作用 (autolysis) 的產生。自溶的現象在動物細胞中最爲明顯，當細胞死亡時，存在於溶素體 (lysosome) 中的酵素會釋出，將細胞質內的成分或胞器瓦解，造成細胞中出現殘缺的胞器或不規則的空泡 (圖 2.1)。快速取出組織浸泡於低溫固定液中，可使細胞的破壞減至最低。不過高溫可使化學反應加速，在高溫下固定液的滲透作用也較快，例如對於細菌的內**孢子**，在 40℃ 下固定可得到較好的結果；另外也有報告指出，在低溫下固定，某些植物細胞中的微小管(micro-tubule) 常無法完整地保留。

圖2.1　老鼠的腦部細胞以一般浸泡方式固定，由於取組織的時間過長，造成嚴重的自溶現象，細胞核與細胞質中物質均已分解流失，因而出現許多空泡。

㈥樣品體積的大小

為了使固定的時間縮短以及將來滲透包埋的方便，樣品的體積不宜過大，通常最適當的大小為 0.5～1 mm³ 左右，如此大小的樣品可在一個小時中完全固定。

一個理想固定的生物樣品在穿透式電子顯微鏡下，細胞內如細胞膜 (plasma membrane)、內質網 (endoplasmic reticulum)、高爾基體 (Golgi complex) 以及核膜 (nuclear membrane) 等膜狀構造都應保持連續而完整，高倍率下並可觀察到脂雙層 (lipid bilayer) 結構，粒線體 (mitochondrion) 與葉綠體 (chloroplast) 也應保持完整而無脹大或皺縮現象，至於細胞質 (cytoplasm) 與核質 (nucleoplasm) 則應呈現緻密而無不規則空泡存在。圖 2.2 為一固定良好的老鼠肝細胞，細胞內各種胞器均清晰完整，圖 2.3 中高倍放大的胞膜構造呈現標準的脂雙層結構。

二、固定液

在電顯技術上最常作為固定劑來使用的物質為醛類 (aldehyde) 與四氧化鋨 (osmium tetroxide)。醛類包括甲醛 (formaldehyde)、戊二醛 (glutaraldehyde) 以及丙烯醛 (acrolein) 等，主要在固定細胞中的蛋白質，其滲透能力比四氧化鋨快速；四氧化鋨的作用在於與不飽和的脂肪酸結合，適合胞膜的固定，且因其具有原子量甚大的鋨，故同時兼有染色的功能。

在三種醛類中，以戊二醛 (glutaraldehyde) 最常被使用，固定效果也最佳，分子結構為

$$\begin{array}{ccccccccc} O & & H & & H & & H & & O \\ \| & & | & & | & & | & & \| \\ C & - & C & - & C & - & C & - & C \\ / & & | & & | & & | & & \backslash \\ H & & H & & H & & H & & H \end{array}$$

其固定的方式為與蛋白質分子形成交錯結合，由於戊二醛具有兩個醛基(aldehyde group)，可經由醛醇縮合作用(aldol condensation)將兩個或三個戊二醛結合成一較大的分子，然後再與蛋白質形成鍵結。四氧化鋨(OsO₄)的分子量為 254.2，熔點 41°C，在室溫下為一略帶黃色的固體，由於其兼具固定與染色的雙重作用，在生

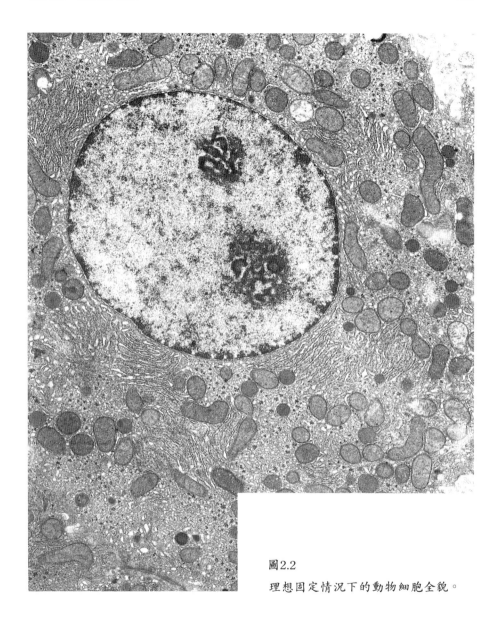

圖2.2

理想固定情況下的動物細胞全貌。

物樣品的處理上極爲重要。OsO₄ 的固定作用在於能與含有雙鍵的不飽和脂肪酸
形成雙酯鍵結 (diester crosslinkage)，對於細胞中膜狀構造的穩定最有效用。其
他如過錳酸鉀 (potassium permanganate) 也可作爲固定劑使用，但不如戊二醛
與四氧化鋨普遍，常用於特定的樣品觀察，如植物細胞的膜狀系統以及神經細胞
的髓鞘 (myelin sheath) 等。

圖2.3　高倍放大下細胞內的膜狀系統脂雙層結構清晰可見。

　　配製戊二醛 (glutaraldehyde) 與 OsO_4 可直接購買 5 mL 或 10 mL 裝的 25% 戊二醛與 4% 的 OsO_4，再以適當的緩衝溶液分別配製成 2.5% 與 1% 即可。由於此等固定液對人體有害，尤其是 OsO_4 之蒸氣，可破壞眼、鼻及口腔內的皮膜細胞，最好在抽氣罩中操作，並避免直接接觸皮膚上。另外在戊二醛中加入 1% 至 4% 的丹寧酸(tannic acid)，可使胞膜(圖 2.4)及微小管的構造更爲明顯(圖 2.5)。

　　化學固定可利用浸泡 (immersion) 或灌流 (perfusion) 的方式進行。浸泡方

圖2.4　在固定液中加入 4% 的丹寧酸後，腎臟細胞中的內質網顯得更加明顯。

圖2.5　經過丹寧酸固定的纖毛橫斷面，除了可觀察到清晰的外膜以及典型的 9＋2
　　　　纖毛結構外，並可見組成小管的 13 個蛋白質單體 (箭頭所示)。

式較簡便，只須將欲固定之組織或器官取出，切成適當大小後浸於固定液中即成，
但固定效果較不如灌流方式完全。固定前應先準備蠟板、竹籤、小玻璃瓶 (vail)、
固定液、雙面刮鬍刀片以及冰塊等，首先將預冷的固定液滴於蠟板上，在殺死動
物後迅速取出所要之組織，先以刀口相對的方式將組織在固定液中切成 1 mm³ 大
小 (圖 2.6)，再以竹籤挑選適當大小之組織塊置於小玻璃瓶內，並在冰浴中進行固
定。灌流固定則必須準備大量固定液，麻醉動物後由血管中灌注，此法常用於不
易在短時間內取出之組織器官上，如腦、脊髓等。化學固定常以雙重固定為之，
初固定 (pre-fixation) 以戊二醛而後固定 (post-fixation) 則以 OsO₄ 進行。在兩
次固定之間以及後固定完成後均須以 0.1M 的緩衝溶液浸洗，去除殘餘的固定液，
然後再作脫水步驟。習慣上初固定常在 0 至 4℃ 的冰浴中進行，以避免因自溶作
用而使細胞中之微細構造破壞，後固定則可在室溫下進行。

三、脫水

　　由於多數包埋劑均無法與水互溶，因此在包埋之前必須先經過脫水過程，使

圖2.6　固定時須準備的工具，以及在切割組織塊時使用雙面刮鬍刀的方法示意
　　　　圖。

組織中的水分由其他可與包埋劑互溶的有機溶劑取代。最常用來作為脫水劑的物
質為酒精 (ethanol) 與丙酮 (acetone)，其步驟為將固定完成之組織浸泡於一系列
濃度 (50%、70%、80%、90%、95%、100%) 的酒精或丙酮中各 10 至 15 分鐘，
即完成脫水過程。為了達到確實脫水的目的，在 100% 的酒精或丙酮中可事先加
入無水硫酸銅粉末 ($CuSO_4$)，以確保脫水劑的純度。

　　脫水劑的濃度差距不宜過大，時間不宜過長，否則極易造成細胞皺縮變形或
細胞內物質流失，更換不同濃度的脫水劑時，應避免讓組織暴露在空氣中而造成
乾燥。

四、包埋劑

　　電子的穿透能力很差，樣品必須較 0.1μ 為薄方可讓電子穿透，一般光學顯微
鏡技術上使用蠟作為包埋劑，其硬度不夠，無法切出 1μ 以下厚度的切片，不適合
作為電顯技術使用。要成為理想的包埋劑必須具備以下幾個條件：(1)黏稠度低，

滲透容易；(2)聚合均勻，不致造成樣品傷害；(3)硬度適當，易切薄片；(4)在電子束的照射下穩定，不變性。最早被用於電子顯微鏡技術上之包埋劑為甲基丙烯酸 (methacrylate)，但因其聚合時易造成皺縮及樣品傷害，在電子束照射下又易揮發，不甚理想。至 1960 年代已逐漸被環氧樹脂 (epoxy resins) 所取代。環氧樹脂為一些黏稠度相當大的樹脂 (resin)，在聚合時常有加速劑 (accelerator) 來促成聚合的產生，有硬化劑 (hardener) 來強化所形成的交錯結合，以及可塑劑 (plasticizer) 來調整其硬度，較常被使用之樹脂種類及配方如下：

㈠ Epon

	A	B
Epon 812	62 mL	100 mL
DDSA	100 mL	-----
NMA	-----	89 mL
DMP-30		

配置 Epon 時以 A 溶液 7 mL、B 溶液 3 mL、DMP-30　0.15 mL 的比例混合即成，其硬度可由 A、B 之比例調整，B 溶液越多則越硬。常以氧化丙烯 (propylene oxide) 作為過渡溶液，聚合時應在 60℃ 烘箱中烘烤 48 至 72 小時。

㈡ Spurr's resin

ERL-4206	10.0 g
NSA	26.0 g
DER-736	6.0 g
DMAE	0.4 g

Spurr's resin 之黏稠度較低，容易滲透，其硬度由 DER-736 控制，量多時較軟，量少時變硬，可利用酒精或丙酮作為過渡溶液，通常在 70℃ 烘箱中置放 8 至 48 小時即可完全聚合。

多數包埋劑均為有害人體之物質，使用時應格外小心，廢棄或殘餘之包埋劑

圖2.7　配製包埋劑應在抽氣罩中進行，並應帶手套以避免包埋劑直接接觸皮膚或
　　　　造成污染。

應置烘箱中使之聚合硬化，以免造成污染 (圖 2.7)。此外，水溶性包埋劑常用於組
織化學 (histochemistry) 或細胞化學 (cytochemistry) 上，可保留酵素活性，常
用的有丙烯酸乙二酯　(glycol　methacrylate)、水和塑脂　(aquon)、杜柯塑脂
(durcupan) 等，使用此類包埋劑則無須經由酒精與丙酮脫水，直接以不同濃度之
包埋劑滲透即成。

五、滲透與包埋

　　電子顯微鏡技術上所使用之包埋劑黏稠度都很大，因而滲透效果的好壞也成
爲樣品處理的重要因素之一。爲使包埋劑能順利滲入組織細胞中，通常以一定比
例之過渡溶劑 (transitional solvent) 與之混合，將完成脫水步驟的組織塊浸泡其
中，並逐漸增加包埋劑之比例至 100% 爲止。過渡溶劑爲能與包埋劑完全互溶之
有機溶液，如酒精、丙酮或環氧丙烷 (propylene oxide) 等，滲透時先將過渡溶
劑與包埋劑以 1：1 的比例混合均勻，把組織塊浸泡其中，再以 1：3 乃至純的包
埋劑分別進行滲透，時間長短視所選用之包埋劑種類及組織塊緻密度而定，通常
1：1 及 1：3 各浸泡 30 分鐘，純的包埋劑則滲透兩次，每次各一小時。滲透時，

圖2.8　滲透不理想時，細胞內常會出現空隙（箭頭所示），嚴重時將影響切片。

應經常搖盪組織，可有較好的滲透效果。滲透不完全時常會造成組織細胞中出現不應有之空隙，影響切片與觀察 (圖 2.8)。使用 Epon 作為包埋劑時常以環氧丙烷當過渡溶劑，Spurr's resin 則可與酒精或丙酮互溶。滲透完全後即可進行包埋，步驟如下：

1. 將膠囊 (beem capsules) 烘乾立於包埋架中，以滴管沿膠囊內壁滴一小滴包埋劑，使其慢慢流至底部 (圖 2.9)。
2. 以竹籤挑取一適當大小之組織塊輕置膠囊中。
3. 沿膠囊內壁加入包埋劑直至八分滿為止。
4. 包埋完成置於預先設定溫度之烘箱中進行聚合。

　　若要觀察特定方向之組織，可用平板包埋 (flat embedding) 方式包埋，至於細小之樣品如孢子、細菌、花粉等，可將之離心後先包埋於洋菜膠 (agar) 中，再進行脫水、滲透與包埋。

六、穿透式電子顯微鏡樣品前處理程序

圖2.9　包埋時所應準備的材料以及包埋時的情形。

⑴ 2.5% 戊二醛 (glutaraldehyde)/0.1 M 緩衝溶液(buffer) (0～4 ℃)　　1～2 hr

⑵ 0.1 M 緩衝溶液/5% 蔗糖 (0～4 ℃)　　　　　　　　　　　　　15 min

⑶ 0.1 M 緩衝溶液/5% 蔗糖 (0～4 ℃)　　　　　　　　　　　　　15 min

⑷ 1 % 鋨 (osmium)/0.1 M 緩衝溶液 (此步驟以後可在室溫下進行)　　1 hr

⑸ 0.1 M 緩衝溶液/5% 蔗糖　　　　　　　　　　　　　　　　　　15 min

⑹ 0.1 M 緩衝溶液/5% 蔗糖　　　　　　　　　　　　　　　　　　15 min

⑺ 50% 酒精　　　　　　　　　　　　　　　　　　　　　　　　　10 min

⑻ 70% 酒精　　　　　　　　　　　　　　　　　　　　　　　　　10 min

⑼ 80% 酒精　　　　　　　　　　　　　　　　　　　　　　　　　10 min

⑽ 90% 酒精　　　　　　　　　　　　　　　　　　　　　　　　　10 min

⑾ 95% 酒精　　　　　　　　　　　　　　　　　　　　　　　　　10 min

⑿ 100% 酒精　　　　　　　　　　　　　　　　　　　　　　　　　15 min

⒀ 100% 酒精　　　　　　　　　　　　　　　　　　　　　　　　　15 min

⒁ 100% 丙酮　　　　　　　　　　　　　　　　　　　　　　　　　15 min

⒂ 100% 丙酮　　　　　　　　　　　　　　　　　　　　　　　　　15 min

(16) 100% 丙酮 / Spurr's resin 1：1　　　　　　　　　　30-60 min
(17) 100% 丙酮 / Spurr's resin 1：3　　　　　　　　　　30-60 min
(18) Spurr's resin　　　　　　　　　　　　　　　　　　1-3 hr
(19) Spurr's resin　　　　　　　　　　　　　　　　　　1-3 hr
(20) 包埋
(21) 置於 70°C 烘箱中 8 至 24 小時

參考文獻

1. Arborgh, B., P. Bell, U. Brunk and V. P. Collins (1976), The osmotic effect of glutaraldehyde during fixation. A transmission electron microscopy, scanning electron microscopy and cytochemical study. J. Ultrast. Res., 56：339.

2. Baur, P. S. and T. R. Stacey (1977), The use of PIPES buffer in the fixation of mammalian and marine tissues for electron microscopy. J. Microscopy, 109：315.

3. Coulter, H. D. (1967), Rapid and improved methods for embedding biological tissues in Epon 812 and araldite 502. J. Ultrast. Res., 20：346.

4. Dawes, C. J. (1979), Biological techniques for transmission and scanning electron microscopy. Ladd Research Industries, Burlington.

5. Dellman, D. H. and C. B. Pearson (1977), Better epoxy resin embedding for electron microscopy at low relative humidity, Stain. Tech., 52：5.

6. Finck, H. (1960), Epoxy resins in electron microscopy. J. Biophys. and Biochem. Cytol., 7：27.

7. Freeman, J. and B. Spurlock (1962), A new epoxy embedment for electron microscopy. J. Cell Biol., 13：437.

8. Hayat, M.A. (1970), Principles and techniques of electron microscopy, Biological application, Vol: I, Van Nostrand Reinhold, New York.

9. Lawn, A. M. (1960) ,The use of potassium permanganate as an electron dense stain for sections of tissue embedding in epoxy resin. J. Biophys. and Biochem. Cytol., 7：197.

10. Luft, J. (1961), Improvements in epoxy resin embedding methods. J. Bio-phys. and Biochem. Cytol., 9：409.

11. Luft, J. H. (1959), The use of acrolein as a fixative for light and electron microscopy, Anat. Rec., 133：305.

12. Rasmussen, K. E. (1974), Fixation in aldehydes. A study on the influence of the fixative, buffer and osmolarity upon the fixation of the rat retina. J. Ultrastructure Res., 46：87.

13. Thin sectioning and associated techniques for electron microscopy, (1973), 3rd ed. du Pont de Nemours, U.S.A.

14. Wischnitzer, S. (1989), Introduction to electron microscopy, 3rd ed. Per-gamon Press, New York.

第三章
超薄切片技術

陳家全

臺灣大學動物學研究所副教授

一、樣品塊的修整 ……………………………………… *41*

二、銅網與支持膜 ……………………………………… *41*

三、超薄切片機與玻璃刀 ……………………………… *45*

四、切片 ………………………………………………… *49*

　㈠樣品塊及刀子的架設 ……………………………… *49*

　㈡切片 ………………………………………………… *50*

　㈢薄切片的撈取 ……………………………………… *50*

五、切片時的困擾 ……………………………………… *51*

六、染色 ………………………………………………… *52*

　㈠切片的厚度 ………………………………………… *54*

　㈡染色 ………………………………………………… *55*

　㈢加速電壓的強度 …………………………………… *55*

　㈣物鏡孔徑的大小 …………………………………… *55*

　㈤錯焦程度 …………………………………………… *55*

　㈥底片的顯影與相紙的選用 ………………………… *55*

　• 參考文獻 …………………………………………… *59*

由於電子的穿透能力極低，樣品厚度必須薄至 50 到 100 nm 方可置於 TEM 中觀察，與光學顯微鏡切片 3～7μ 的厚度相比，約只有 1 / 50 ，故稱之為超薄切片 (ultrathin section)。理想的超薄切片應相當平整而無破洞、刮痕或皺褶，而且每一切片均可連接在一起成為一條平直的長帶 (ribbon) ，當然這必須借助於一設計精密的儀器 —— 超薄切片機 (ultramicrotome) 以及操作者熟練的技巧與耐心。超薄切片的製作除了要熟悉並正確的使用超薄切片機外，樣品前處理的好壞、樣品塊的修整 (block trimming)、玻璃刀 (glass knife) 及支持膜 (support film) 的製作技術，均可直接影響切片的品質，現分別詳述於下。

一、樣品塊的修整

　　包埋完成後的樣品塊在切片前必須經過適當的修整 (trimming)，包括粗修整 (rough trimming) 與微修整 (precision trimming)，方能切出理想的薄片。習慣上我們將樣品塊修整成平頂的金字塔形，頂部與底部應略呈梯形，大小約為 0.2 至 0.5 mm 之間，高度不宜超過 0.2 mm (圖 3.1)，否則在切片時易造成震動或斷裂。修整的過程通常在解剖顯微鏡下進行，首先以單面刀片在樣品塊最上緣作平整的削切，直至露出組織為止，然後再從垂直與水平方向分別切出梯形的兩底及腰 (圖 3.2)。上下兩底儘可能平行，切口應平整而無缺刻，否則將來切出來的切片便無法連接成長帶狀，造成撈片困難，微修整則要在進行切片前於切片機上以玻璃刀操作。

二、銅網與支持膜

　　如同光學顯微鏡的標本製作時需要有玻片 (slide) 來承載切片一樣，電子顯

圖3.1 經過修整完成的樣品塊。

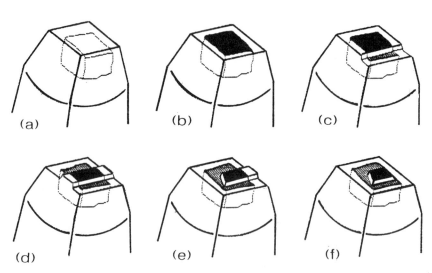

圖3.2 樣品塊修整的步驟依次為(a)未修整前的組織塊，(b)先將樣品塊上緣的包埋
　　　劑切除直至露出組織為止，(c)由垂直與水平方向切出梯形的一底，(d)在相對
　　　的方向切出梯形的另一底，兩底應儘可能平行，(e)(f)以同樣的方法切出梯形
　　　的兩腰即完成修整過程。

微鏡的標本薄切片也必須有物體支持方可置於顯微鏡中觀察。由於電子無法穿過玻璃，因此，具有許多網孔的銅網 (copper grids) 便取代了玻片的地位。銅網上的網格大小以 "mesh" 來區分 (圖 3.3)，如標示為 200 mesh 之銅網表示每英吋有200 個分隔，換句話說，mesh 數愈少表示網孔孔徑愈大，將來在電子顯微鏡中所能觀察的地方越多。銅網有正反面之分，在燈光下呈現較淡顏色且不反光者為粗糙面 (dull side)，亦即是正面，是製作支持膜或放置切片的一面；而顏色略深會反光的背面則稱為反光面 (shining side)。銅網一般以銅為材料，也可視需要以鎳、銀、黃金或白金取代。習慣上銅網不重複使用，因為用過的銅網清理起來相當費事，未使用過的銅網只須以酒精或丙酮浸泡數分鐘，再經過自然風乾後即可使用。

　　支持膜為一層極薄的塑膠膜 (plastic film) 或碳膜 (carbon film) 覆蓋於整個銅網的表面，其作用在使薄切片能平整的附著於銅網上，使其在電子束的照射下不易破裂或捲縮，尤其是使用 200 mesh 以下的銅網，通常都必須製作支持膜。至於像病毒、蛋白質分子等微細顆粒標本的觀察則必須完全靠支持膜提供支持的作用，否則根本無法觀察。碳支持膜的製作較為困難，因此一般均使用塑膠支持

圖3.3 各種不同 mesh 及用途之銅網的放大圖。

膜，也可在塑膠支持膜上再蒸鍍一層碳膜以增加其穩定度。常用來作爲塑膠膜的
材料爲膠棉 (collodion) 與弗氏劑 (Formvar)，配方如下：

1. 膠棉—將膠棉溶於乙酸戊酯 (amyl acetate) 中約 0.5～2% 的濃度。
2. 弗氏劑 (Formvar)—將弗氏劑的粉末溶於 1,2-二氯乙烷 (1,2-dichloroethane)
   中成 0.2～0.5% 的濃度。

　　溶液的濃度可決定製作支持膜時的厚度；配好之溶液應封好封口保存於 4°C
的冰箱中，使用前先取出，待其回復到室溫後方可使用。

　　塑膠支持膜的製作方法可分爲滴展法　(drop　method)　與玻片法　(slide
method)，滴展法較簡單，但製作出來的支持膜較差，玻片法較困難，但可得品
質較佳的薄膜。現以玻片法製作弗氏劑 (Formvar) 支持膜爲例，說明塑膠支持
膜的製作方法 (圖 3.4)：

1. 取一未曾使用過的玻片，以紗布擦拭乾淨 (勿用任何液體清洗) ，將一端浸入
   0.25% 的弗氏劑 (Formvar) 溶液中，隨即取出並直立於無塵處風乾。

圖3.4 塑膠支持膜的製作過程，(a)至(f)圖分別爲步驟 1.至 6.的圖解。

2. 風乾後以刀片或鑷子沿玻片邊緣來回刮動數次。

3. 在一裝滿蒸餾水之玻璃皿中 (水面應滿過容器)，以一乾淨玻璃棒橫過水面，除去水面上灰塵。

4. 將玻片以 30 度角緩緩壓入水中，塑膠膜則漂於水面上。

5. 以鑷子夾取銅網，粗糙面朝下置於塑膠膜上，並以鑷子尖端輕觸銅網使之與膜密合。

6. 以一乾淨玻片或石蠟紙 (parafilm paper) 由上往下將銅網連同塑膠膜壓入水中再取出即成。

　　製作支持膜時應注意避免對著玻片吹氣，否則膜上將會出現許多小孔洞而影響日後影像的觀察與判定，作好支持膜的銅網若放置太久不用，容易造成支持膜破裂，故應在切片前兩三天內製作最為理想。

三、超薄切片機與玻璃刀

　　超薄切片機雖有不同的廠牌與機型，但其基本構造均大致相同，包括一個可前後左右移動以及傾斜、旋轉的刀座 (knife stage)，一個可固定組織塊並作上下運動的標本臂 (arm)，一組照明及放大觀察用的解剖顯微鏡，以及一個利用機械或溫度方式控制切片厚度的控制器 (圖 3.5)。機械推進 (mechanical advance) 方式乃靠一組精密的螺紋裝置，在標本臂每上下運動一次時向前推進一小段距離，可以手控或馬達驅動標本臂，並任意設定每次推進的距離大小 (即切片之厚度)。熱膨推進 (thermal advance) 方式則利用金屬受熱膨脹的原理，穩定地加溫使標本臂向前推進，通常靠馬達以固定的頻率啟動標本臂，切片厚度則依加熱的程度調控，而標本臂運動之速度或頻率也將影響切片厚度。由於超薄切片機對於震動和溫度非常敏感，故應安置於穩固的水泥台或防震的桌面上，並有適當的隔間以避免切片時受到干擾。

　　超薄切片時所使用的刀子有玻璃刀與鑽石刀 (diamond knife) 兩種，玻璃刀由於製作容易且較為便宜，用過即可丟棄，故最常被使用；鑽石刀的優點為壽命較長，可切較堅硬的樣品，唯因價錢昂貴，且使用完畢後須妥善保養，不若玻璃刀方便。玻璃刀的鋒利刀口通常是利用加壓斷裂玻璃而成，可用特殊的製刀鉗

圖3.5 圖為 Richert-jung Ultracut E 超薄切片機。此機型為以機械推進方式控制
切片厚度，並可加裝冷凍配備進行冷凍超薄切片。

(Glasier's plier) 或製刀機 (knife maker) 製作 (圖 3.6)。首先將玻璃片或玻璃條
切割成一英吋大小的正方形，再由對角線 (約略偏斜) 切割一裂痕，自兩側及底
部加壓使玻璃斷裂為二即成 (圖 3.7)。理想的刀口應呈現平整且均勻，在解剖顯
微鏡下應無鋸齒狀缺刻，適合切片的刀口約佔整個裂面的 1／3 或 1／2 (圖 3.8)

圖3.6 LKB 7800 型製刀機。

圖3.7 玻璃刀的製作方法：(a)將正方型玻璃塊自對角線切割一裂痕，(b)自裂痕兩
　　　側及下方均勻加壓使之斷裂即成。

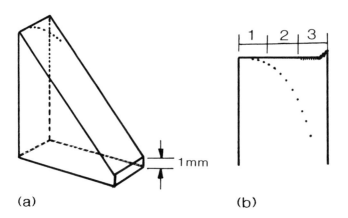

(a)   (b)

圖3.8 製作完成的玻璃刀(a)及刀口的放大圖(b)。刀子下方約有 1 mm 寬的底座，理
　　　想的玻璃刀應有較寬的切片刀口 (1,2 區域)，刀口右側(3 區域)常可見細微缺
　　　刻並略向上翹起。

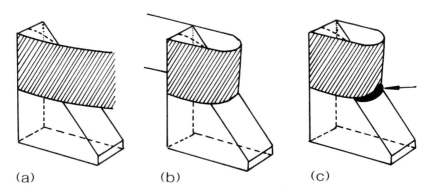

(a)   (b)   (c)

圖3.9 刀口水槽的製作方法：(a)以銀膠帶黏貼於刀口下方並與底部平行，(b)將膠
　　　帶圍繞成一平滑的弧形貼於另一側，(c)切除多餘膠帶，並以蠟封合接縫(箭
　　　頭所示) 即成。

　　　為了使切片容易撈取，必須在玻璃刀的刀口周圍做一水槽 (trough)，使切
出的薄切片能浮於水面上成一長帶。水槽的製作常以鍍有金屬的膠帶為材料，如
銀膠帶 (silver tape)，此種膠帶韌性較佳，較易圍繞成平滑的曲度。將銀膠帶
沿玻璃刀口後方圈出一船形水槽，並將多餘的部分切除，然後於水槽下緣與玻璃

刀接觸面以蠟封合 (圖 3.9)，避免水液滲漏。也可買到預先作好大小及形狀的塑膠水槽，只須安裝於刀口上再以蠟封合即成。

四、切片

　　完成了上述樣品塊的修整、支持膜的準備以及玻璃刀的製作後便可開始進行切片，切片的主要步驟有三：

㈠樣品塊及刀子的架設

　　視包埋方式的不同 (膠囊包埋或平板包埋)，選用適當的標本固定座將組織塊固定於切片機的標本臂上，並將標本臂退回起點，再將玻璃刀安裝於刀座上並調整適當的高度與位置。樣品塊雖經過修整，但表面並不平整，故必須在切片機上再作最後的修整，首先將刀子的傾斜角度 (clearance angle) 定為 3 至 5 度，並使其高度與樣品塊齊平 (如圖 3.10)，逐漸前移刀座，同時旋轉樣品塊之切面，儘可能使樣品塊切面梯形的上下底與刀口平行。當刀口非常接近樣品塊時，啟動標本臂，同時以細調每次 1μm 前進刀座作微修整，直至組織切面完全平整為止。完成微修整後將刀口後退並向右平移刀口至理想位置，然後重新向組織塊移近，當刀口與組織切面接近時，在適當的燈光照射下 (燈光應由刀口向組織切面方向照射)，組織切面上會出現一條明亮光帶，此明亮光帶係刀口投影在組織切面上

傾斜角度 ──→
(3-5°)

圖3.10
樣品塊與刀子架設的
相關位置。

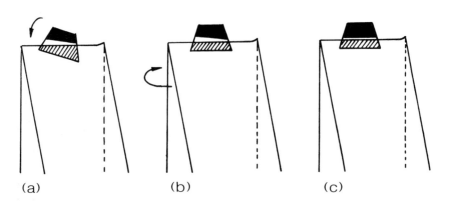

(a)   (b)   (c)

圖3.11 刀口與組織切面接近之調整步驟。(a)組織切面上下底與刀口不平行時，旋
　　　轉樣品塊使之平行，(b)組織切面上之光帶兩端寬度不一，旋轉刀座，使光
　　　帶寬度一致，(c)前移刀口至光帶只剩一條細線為止。

所形成。光帶的寬窄與形狀代表刀口與組織切面間的關係，光帶越窄表示刀口與
組織面越近，若光帶兩端呈現不均勻寬度則表示刀口與組織面互相歪斜，此時應
旋轉刀座使光帶呈均勻寬度，並逐漸前移刀座，直至光帶成為一條細線為止 (圖
3.11)。某些機型的超薄切片機其燈光的設計可由樣品塊與刀座的下方照射，如
此較容易判定組織切面與刀口的相關位置，便於調整。

(二)切片

　　將刀子之水槽加滿蒸餾水，並調整燈光角度 (由樣品塊方向照向刀口) 至水
面呈現均勻亮面為止，設定切片速度於 1 mm / sec ，切片厚度為 600 至 900 Å
，即可開始切片。切片的真正厚度應從切片在水面上呈現的顏色來判斷，一般以
銀白而略帶金黃色之切片厚度最為適當，灰色表示太薄，紫色、藍色則太厚，理
想的切片應成一顏色均勻的長條鋸齒帶狀。

(三)薄切片的撈取

　　準備一支前端黏有眉毛或睫毛的竹籤，以劃水的方式將長帶狀的切片移至水
槽較深處，並以眉毛邊緣輕碰長帶切片的鋸齒狀缺刻處，使之斷成適當長度 (約
五、六片切片長度，視切片大小而定)。夾取銅網，支持膜朝上傾斜浸入水中，

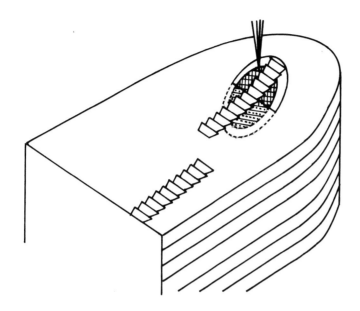

圖3.12 將適當長度之切片以眉毛筆移至水槽深處，以銅網自水面下接觸第一片切片後向上提起，即可將切片平直撈於銅網上。

以上緣接觸第一片切片並緩緩拉出水面，切片便可平整地附於銅網上 (圖 3.12)。若切片無法連成一長帶狀時，可將離散的切片儘可能靠近，並將銅網以支持膜朝下，由水面上向下覆蓋亦可。撈片完成後應靜置數小時，待完全風乾後方可進行染色與觀察。

五、切片時的困擾

切片時經常會出現一些狀況而造成切片不順利或將來置於顯微鏡中觀察時有許多缺點，若能確切明瞭其原因並作適當修正，則可減少時間的浪費。今將常見的困擾及可能的原因分述於表 3.1。

表 3.1 中有些狀況常必須等到切片完成並經過染色步驟後置於電子顯微鏡中觀察時才會發現，例如切片厚薄不均勻 (圖 3.13)、刀口上細微缺口所造成的刮痕

表 3.1 切片時常見的困擾及可能的原因。

狀　　　況	可　能　原　因
切片不連續 (間隔得到切片)	1.樣品塊未完全穩定地固定於標本臂上 2.刀子在刀座上鬆動 3.包埋時硬度不夠
切片被刀口拖離	1.水槽中的水位過高 2.刀子傾斜角度不對
切片擠壓皺縮	1.水槽中的水位過低 2.樣品塊硬度不夠
切片顏色不均	1.樣品塊的軟硬不均 2.包埋不良
切片無法成帶狀	1.樣品塊修整時，梯形的上下底不夠平整 2.刀口不理想
帶狀切片不直	修整之梯形上下底不平行
切片上出現刮痕	1.刀口上有異物或刀口有缺刻 2.樣品塊中有堅硬固體沈積物質
切片上有平行條紋	1.切片機不穩固產生細微的振動 2.切片速度太快

(圖 3.14) 以及切片機不穩固產生的震動 (圖 3.15) 等，因此，熟練的切片技巧與細心可免於一再重複犯錯而浪費時間。

六、染色

　　在生物電子顯微鏡技術上對比度的考慮非常重要，此乃由於生物標本所組成的成分均為原子量甚小的碳、氫、氧等元素，因而對電子散射的能力較弱，影像

圖3.13 組織硬度不均勻常易造成同一切片上厚薄不均，較厚的區域染色較深，薄
　　　的地方較淺。

圖3.14 刀口不夠鋒利或有缺刻時所造成切片上出現刮痕的情形。

圖3.15 切片時因切片機不穩固產生細微震動，形成切片上出現一厚一薄的平行區
　　域，通常與缺刻的刀口所造成的刮痕相垂直。

之對比度相對較低，因此，如何有效的增加對比度成爲一重要課題。通常能影響
影像對比度的因素有下列數種：

㈠切片的厚度

　　我們曉得，當電子穿過物體時，物體組成成分元素的原子量大小，可直接影
響電子散射的能力，換句話說，物體的密度越大，對比度越高。再者，樣品的厚
度增加時，電子穿過其中所行經的路徑變長，造成散射的機會也增加，因此，切
片厚度與其密度的乘積，決定了對比度的高低，稱爲質量厚度 (mass thickness)
，通常以 μg／cm^2 表示。生物樣品的密度約爲 2 g／cm^3，故越厚的切片理論上
應可有較高的對比度；然而當切片厚度增加，電子穿透的能力相對降低，再加上
電子顯微鏡的景深 (depth of field) 很長，造成切片中的各種微細構造影像重疊
，將影響解像力與判圖，故切片厚度有一定限制，只能以其他方式加強對比度。

㈡染色

染色可說是增強影像對比度最有效的方法，可分為正染色 (positive staining) 與負染色 (negative staining) 兩種。正染色是使重金屬染劑直接與物體的構成分子結合，負染色則是使染劑沈積於物體的外圍，二者均能造成電子散射的效果以提高對比度，唯影像黑白對比正好相反。本章以正染色為主，負染色將於下一章中介紹。

㈢加速電壓的強度

加速電壓的大小可決定電子運動速度的快慢，速度快的電子動能較大，穿透樣品的能力較強，因而造成散射的機會較小；反之，運動速度較慢的電子較容易產生散射的現象，故使用較低加速電壓觀察樣品，可有較高的對比度。

㈣物鏡孔徑的大小

物鏡孔徑的大小對於影像對比度的影響，我們已於第一章中詳細討論過，要提高影像對比度，只須選用較小的物鏡孔徑即可。

㈤錯焦程度

在第一章中，我們也說明了對焦狀況的改變對於影像對比度的影響，些微的錯焦，不管是在焦前或焦後均可有效的提高對比度。

㈥底片的顯影與相紙的選用

經過曝光後的底片可經由不同的顯影液來提昇其對比度，例如以 Kodak D-19 顯影就比 D-76 有較高的反差。至於在相片的沖印時，也可選用不同號數的相紙來提高對比度；一般而言，號數越小的相紙，對比度越弱，號數越大，對比度越強。

上述各種方法中以染色的效果最佳，影響也最大，因此本章節以染色為主要探討的對象。

在電子顯微鏡技術上，染色的作用是讓一些電子散射能力較強的金屬與生物

樣品中特定的分子結合，使其呈現較好的對比度。最常作為染劑的金屬有鈾(U)
和鉛(Pb)，其他如鋨(Os)、銀(Ag)、鐵(Fe)、金(Au)等也常視樣品種類而為染劑
。一般的切片染色常以醋酸鈾醯 (uranyl acetate) 及檸檬酸鉛 (lead citrate) 作
雙重染色 (double staining)，醋酸鈾醯能使蛋白質與核酸染色，檸檬酸鉛則可
使經過四氧化鋨固定後的胞膜構造更為清楚，二者配方如下：

1. 醋酸鈾醯

    $UO_2(CH_3COO)_2 \cdot 2H_2O$ 1.25 g

    甲醇 (methanol)   25 mL

此配方為高濃度染劑，染色效果極佳，但染色時容易造成切片上產生微細皺褶
(圖 3.16)，必須非常小心，也可利用 50% 酒精配製醋酸鈾的飽和溶液，可避免
皺褶發生，但染色效果較差。

圖3.16 以甲醇配製的醋酸鈾醯染色時所造成的細微皺褶。

2. 檸檬酸鉛

硝酸鉛 (lead nitrate)	Pb(NO₃)₂	1.33 g
檸檬酸鈉 (sodium citrate)		1.76 g
蒸餾水		30 mL

　　將上述物質混合於 50 mL 褐色瓶中，間歇搖動約 30 分鐘後加入 8.0 mL 現配的 1N 氫氧化鈉 (NaOH) 或 0.32 g 的固體氫氧化鈉，再加蒸餾水至 50 mL 即可。配好之染劑最好分裝於小瓶中並封好封口，避免與二氧化碳接觸，通常應保存於 4°C 的冰箱中。

雙重染色的方式與步驟如下：

1. 將醋酸鈾醯滴於置有蠟板的培養皿中，每間隔 2 分鐘放置一片銅網，撈有切片的面朝上沈於染劑中，如圖 3.17(a)。
2. 染色 20 至 40 分鐘後 (視所選用的染劑配方而定)，依序取出樣品，在每一洗瓶中清洗 15 秒鐘 (共 6 瓶)，如圖 3.17(c)。

圖3.17 (a)染醋酸鈾醯時將切片朝上浸於染劑中，應避免讓染劑乾固，(b)染檸檬酸鉛時應在置有 NaOH 顆粒的培養皿中以懸浮方式將切片朝下染色，(c)清洗時應使銅網上下進出水面，以確保清洗完全。

3. 以濾紙伸入鑷子夾縫中吸乾水分，即完成醋酸鈾醯的染色，待所有樣品均清洗
   完畢後即可進行檸檬酸鉛的染色。

4. 置十餘粒固體的 NaOH 於培養皿中，並加數滴水使其潮濕，蓋上蓋子靜置 10
   分鐘以吸除培養皿中之 CO_2。

5. 滴數滴檸檬酸鉛於蠟板上，每隔 2 分鐘將切片面朝下浮於染劑上，如圖 3.
   17(b)。

6. 染色 4 分鐘後，依次取出樣品先以 0.02 N 的 NaOH 洗濯三次，每次 15 秒鐘
   ，再以蒸餾水清洗三次，每次 15 秒鐘，如圖 3.17(c)。

7. 以濾紙之邊緣吸乾水液，風乾數小時即可觀察。

　　使用以 100% 甲醇配製的醋酸鈾醯染色時，應注意染劑是否有沈澱，在染
色過程中應避免甲醇揮發而使染劑乾固於切片上，否則將會有一些染劑的結晶殘
留於切片上而影響觀察　(圖 3.18)。檸檬酸鉛極易與二氧化碳作用而形成碳酸鉛

圖3.18 切片上殘餘的醋酸鈾醯染劑 (箭頭所示)。

圖3.19 檸檬酸鉛與二氧化碳作用所產生的碳酸鉛沈澱 (箭頭所示)。

(lead carbonate) 結晶，染色時應儘可能避免對其呼氣，清洗過程中，應以鑷子夾住銅網在水中來回上下晃動，並確定每次均進出水面，利用水的表面張力沖刷切片，方可將殘餘染劑洗淨，否則在顯微鏡上將可見染劑結晶而影響觀察 (圖3.19)。

參考文獻

1. Dawes, C. J. (1979), Biological techniques for transmission and scanning electron microscopy, Ladd Research Industries, Burlington.
2. Frasca, J. M. and V. E. Parks (1965), A routine technique for double staining ultrathin sections using uranyl and lead salts. J. Cell Biol., 25：157.

3. Frenandez-moran, H. (1956), Applications of a diamond knife for ultrathin sectioning to the study of the fine structure of biological tissues and metals, J. Biophys. and Biochem. Cytol., 2:No.4, suppl.29.

4. Gorycki, M. A. (1978), Methods for precisely trimming block faces for ultramicrotomy. Stain Tech., 53 : 63.

5. Hayat, M. A. (1974), Principles and techniques of electron microscopy, Biological application, Vol : I, Van Nostrand-Reinhold, New York.

6. Kushida, H. and K. Fujita (1967), Simultaneous double staining. J. Electron Microscopy, 16 : 323.

7. Latta, H. and J. F. Hartmann (1950), Use of a glass edge in thin sectioning for electron microscopy, Proc. Soc. Exp. Biol. and Med., 74 : 436.

8. Meek, G. A. (1976), Practical electron microscopy for biologists, 2nd ed., John Wiley & Sons, London.

9. Sato, T. (1967), A modified method for lead staining of thin sections. J. Electron Microscopy, 16 : 193.

10. Thin sectioning and associated techniques for electron microscopy (1973), 3rd ed., du Pont de Nemous, U.S.A.

11. Venable, J. H. and R. Coggeshall (1965), A simplified lead citrate stain for use in electron microscopy. J. Cell Biol., 25 : 407.

12. Ward, R. T. (1977), Some observations on glass-knife making, Stain Tech., 52 : 305.

13. Wyatt, J. H. (1972), An ultramicrotome knife trough for glass knives, J. Electron Microscopy, 21 : 89.

第四章
負染色，金屬投影與鑄模

陳家全

臺灣大學動物學研究所副教授

一、負染色 ……………………………………………… 63

㈠染劑之配製 ……………………………………… 64

㈡支持膜之製作及強化 …………………………… 65

㈢樣品之處理與染色 ……………………………… 69

二、金屬投影 …………………………………………… 71

㈠單向投影 (One-directional Shadowing) ………… 75

㈡雙向投影 (Bi-directional Shadowing) …………… 76

㈢旋轉投影 (Rotary Shadowing) …………………… 76

三、表面鑄模 …………………………………………… 76

㈠樣品前處理 ……………………………………… 78

㈡投影與鑄碳 ……………………………………… 79

㈢複製模片之漂展與清洗 ………………………… 79

• 參考文獻 …………………………………………… 81

穿透式電子顯微鏡在生物標本製作技術上，除了可以超薄切片的方法來觀察物體內部的微細結構外，對於一些體積甚小的細菌、濾過性病毒，或經由生化方法分離純化的胞器像胞膜、粒線體、核糖體 （ribosome） 以及生物分子 (biomolecules) 如蛋白質、核酸等，均可用負染色（negative staining）及金屬投影（shadow casting）的技術直接觀察物體的外形和大小。以一般超薄切片方式觀察生物樣品，所能得到的解像力約只有 20 Å，而利用重金屬物質來增強對比度的負染色與金屬投影，可使解像力有效的提昇至 5～10 Å 以下，而且樣品製作技術較超薄切片簡單，已廣泛的被使用。除此之外，鑄模 (replication) 之技術可彌補超薄切片技術只能觀察細胞內部構造的缺陷，而將物體表面的立體結構顯現出來。

一、負染色

　　在電子顯微鏡技術上一般所謂的染色，也就是止染色，是讓重金屬染劑分子進入細胞內與一些特定分子結合，而產生不同的對比度，此種染色方法多用於超薄切片技術上。負染色則是讓一些重金屬染劑沈積於物體外圍，使物體與其背景呈現強烈的對比度 (圖 4.1)，此法在 1954 年首先由 Farrant 用於觀察鐵蛋白 (ferritin) 分子。由於生物體組成元素多為分子量較小之碳、氫、氧、氮等，因此電子穿透之能力較強，而沈積於外圍之重金屬有較大的原子量，對於電子之散射能力較大，電子不易透過，故造成黑白對比與一般切片相反之影像。通常以此法觀察之樣品多為微小顆粒狀結構，如細菌 (圖 4.2)、病毒、粒線體、蛋白質 (圖 4.3) 等。負染色樣品處理製作技術較超薄切片簡單，花費的時間甚短，所需要的樣品體積很少，卻有較高的解像力與對比度，應用非常普遍，唯樣品必須經過純化並有足夠的濃度。

圖4.1　負染色的原理為使重金屬染劑沈積於物體外圍，以提高物體與背景的對比
　　　　度。

圖4.2　具有鞭毛的細菌經由負染色技術所呈現之細微的構造。

㈠染劑之配製

　　負染色的染劑種類很多，像磷鎢酸(Phosphotungstic Acid, PTA)、醋酸鈾醯
(uranyl acetate)、草酸鈾醯 (uranyl oxalate)、硝酸銀 (silver nitrate)、碘化鎘

圖4.3　分離純化的蛋白質分子以負染色技術觀察的結果。

(cadmium iodide) 等等，只要具備有能溶解於水，在電子束照射下穩定及可提供相當對比度的重金屬物質均可作爲染劑，但其中以磷鎢酸與醋酸鈾醯最常被使用，配方如下：

⑴ 1～2% 磷鎢酸 (phosphotungstic acid, PTA)，以 NaOH 調整 pH 值爲 6.5～8，此染劑相當穩定，可長久保存。

⑵ 0.2～1% 的醋酸鈾醯 (uranyl acetate) 配於水中，pH 值爲 4～5.5，此染劑必須在使用前現配，而且只能在黑暗中保存數小時。

　　醋酸鈾醯之顆粒較細，可有較高之解像力，但其對比度較差，且容易滲入物體中而成正染色，磷鎢酸顆粒較粗，但解像力仍可達 10Å 以下，而其對比度高，又不易與物體作用，爲相當理想之負染色染劑。

㈡支持膜之製作及強化

　　由於作負染色的樣品均為分離的顆粒，必須要有支持膜方可附著。取 300
mesh 之銅網，以 Formvar 或 Colloidion 做一塑膠支持膜，方法如前一章所述。
為了使支持膜有較好之穩定性，在高倍率觀察時不致因電子束照射而破裂，通常
在支持膜上再蒸鍍一層約 5 nm 厚之碳膜來強化其結構。碳膜之製作需利用真空
蒸鍍機 (vacuum evaporator) 在高真空下，以強大電流使碳棒產生高熱而蒸散於
覆有塑膠支持膜之銅網上，也可直接以碳膜作為支持膜，但在製作過程上較為複
雜而困難。

　　真空蒸鍍機　（圖 4.4）　的基本結構包括一組真空唧筒及一操作室　（working

圖4.4　真空蒸鍍機的外形構造，下方為真空系統，上方有一玻璃鐘罩，內有兩組
　　　　電極用以蒸鍍金屬和碳。

chamber)，眞空系統與電子顯微鏡類似，亦由一迴轉式唧筒與擴散式唧筒所組成，可使操作室內達到 10^{-6} torr 的眞空度。操作室爲一透明玻璃鐘罩 (bell jar)，內有兩組電極，可分別蒸鍍金屬及碳棒，除了在負染色時支持膜的強化外，在金屬投影以及鑄模技術上，均須利用此儀器。圖 4.5 顯示一簡化的眞空蒸鍍機裝置，操作方式如下：

⑴打開 V_1 眞空閥，使玻璃鐘罩內恢復大氣壓。

⑵在鍍碳的電極上將削好之碳棒安裝上去，並將覆有塑膠支持膜之銅網置於碳棒下方約 10 至 15 公分處。

圖4.5 眞空蒸鍍機之眞空系統簡圖。V_1 至 V_5 代表眞空閥位置，V_1 爲操作室進氣閥，V_2 爲迴轉式唧筒進氣閥，V_3 爲低眞空閥，V_4 爲後援閥，V_5 爲高眞空閥。

⑶關閉 V_1、V_2、V_4、V_5 等眞空閥，啟動迴轉式唧筒與擴散式唧筒 (須有冷卻水)，並打開 V_3 眞空閥，先將鐘罩內的眞空抽至 10^{-2} torr。

⑷數分鐘後關閉 V_3，打開 V_4 眞空閥。

⑸待擴散式唧筒正常運作後 (約 15 分鐘)，打開 V_5 眞空閥使鐘罩內眞空達到 5×10^{-5} torr 以上。

⑹將遮板置於碳棒與銅網之間，以避免剛開始加熱碳棒時不穩定的碳顆粒散落於支持膜上造成污染。

⑺逐漸加熱碳棒至尖端紅熱，並可見碳棒有蒸散現象爲止 (圖 4.6)。

⑻移開遮板，蒸鍍約 30 秒至 1 分鐘 (視所需之碳膜厚度而定) 即可關閉電壓電流。

⑼關閉 V_5，打開 V_1 眞空閥，取出樣品即成。

⑽使用完畢後應使操作室中保持眞空，同時關閉 V_1、V_3、V_4、V_5 等四個眞空閥，並打開 V_2 眞空閥，方可關機。

圖4.6　蒸鍍碳膜以強化塑膠支持膜時的狀況。

使用眞空蒸鍍機應遵循一定順序開關眞空閥，操作錯誤將造成油氣倒流而污染操作室，清理過程費時費力，並容易損傷儀器。

㈢樣品之處理與染色

將樣品附著於支持膜上並加以染色的方法有噴灑法 (spray method)、滴染法 (drop method) 以及漂染法 (float method) 等不同方式，其中以滴染法最爲方便，也最常爲各實驗室使用，現將步驟條列於下 (圖 4.7)：

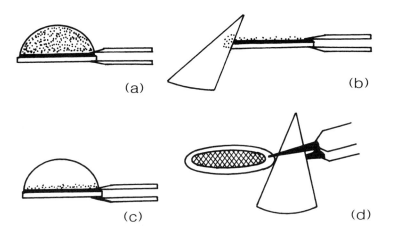

(a)　　　　　　　　(b)

(c)　　　　　　　　(d)

圖4.7　以滴染法方式製作負染色樣品之步驟：(a)滴樣品於支持膜上，(b)以濾紙吸除液體，(c)滴上染劑，(d)自鑷子夾縫間吸除多餘染劑。

1. 準備染劑、濾紙、吸管、自夾式鑷子 (self-clamping forceps) 、樣品 (10^7 particles /mL 濃度以上) 以及覆有塑膠支持膜並經過碳膜強化之銅網。
2. 以自夾式鑷子夾住銅網邊緣，將銅網之膜面朝上滴一滴樣品於其上。
3. 靜置數秒鐘至數分鐘 (視樣品顆粒大小、濃度而定) 後，以濾紙自邊緣吸去液體。
4. 滴上染劑，數秒鐘至半分鐘後，以濾紙吸除染劑，風乾後即可觀察。通常樣品顆粒越大，沈積染劑所需時間越短，例如細菌只需 5 秒鐘，而蛋白質則需一分鐘。

理想的負染色結果如濾過性病毒在低倍率下應可見病毒顆粒均勻分布(圖4.8)，高倍率下則可詳見其蛋白質組成結構 (圖 4.9)。

圖4.8　以 1% PTA 在 pH 7.0 時染色 30 秒鐘之病毒顆粒，低倍率下可見病毒均勻
　　　分散且無雜質。

圖4.9　與圖 4.8 相同之病毒顆粒在高倍率下觀察，蛋白質結構清晰可見，為理想之
　　　負染色結果。

二、金屬投影

　　所謂金屬投影，就是在高眞空下利用高熱將原子量甚大的重金屬蒸散，並以特定的角度噴灑於顆粒狀之樣品表面，形成一金屬薄膜以提高樣品影像之對比度，同時可觀察物體立體結構的一種技術 (圖 4.10)，此法在 1946 年首先由 Williams 與 WycKoff 發明。以此方法製作之樣品，除了可顯現物體三度空間的構造

圖4.10
(A)金屬投影之原理圖解。
(B)球形顆粒經由白金以 45°角作投影後在 TEM 下所觀察到的影像。

外，更可由蒸鍍時的角度、物體陰影的長度來判斷顆粒的形狀、大小及高低。一般用來作為蒸鍍的金屬必須具備下列幾個條件：(1)在高溫下相當穩定，不起化學反應；(2)分子量較大，容易造成電子散射；(3)蒸鍍於標本上可形成由微細顆粒所組成之均勻膜面。常作為蒸鍍用之金屬有黃金(Au)、白金(Pt)、以及金鎘合金 (Au-Pd)、鉑鎘合金(Pt-Pd)或白金碳(Pt-C)等，其中以白金碳所蒸鍍之顆粒最細，解像力也最高。

蒸鍍須在真空蒸鍍機中操作，真空的目的在避免金屬於高溫下與空氣分子作用而氧化，一般均維持在 10^{-4} 至 10^{-6} torr 的真空度。蒸鍍金屬於樣品上有二種方式：一是利用一支彎成 V 字形之鎢絲固定於電極上作為蒸鍍時之支持點，將欲蒸鍍之金屬絲纏繞於 V 字形尖端，或將鎢絲纏繞成小籃狀而將欲蒸鍍之金屬塊置於其中，通上電流後使鎢絲產生高熱即可將金屬蒸發 (圖 4.11)。若欲蒸鍍白金碳，則須將碳棒之一端削成細圓柱狀，並在其上纏繞白金線 (圖 4.12)，通上電流即成。另一種蒸鍍之方法則稱為電子槍蒸鍍法，電子蒸鍍槍 (electron beam gun) 之構造如圖 4.13；首先將白金燒熔於中空之碳棒中，再固定於螺旋狀之鎢絲線圈內，以鎢絲為陰極，白金碳為陽極，利用電流產生之熱能使鎢絲釋出電子，再引導電

圖4.11　以金屬線(a)或金屬塊(b)作投影時架設於鎢絲上的方式。

圖4.12　以白金碳作爲蒸鍍投影之材料時，白金線與碳棒纏繞之方式。

圖4.13

電子槍蒸鍍法所使用之蒸鍍槍裝置。

子束流向白金碳產生高熱使之蒸散出來 (圖 4.14)。以此法蒸鍍所得到之顆粒較細小，解像力較高。

　　當蒸散的金屬原子撞擊標本表面時會附著於其上，並由該處開始聚集成顆粒而連貫成薄膜，而蒸鍍時形成顆粒的大小與金屬的種類、蒸鍍時間的長短、眞空度的高低、蒸鍍時角度的大小、被投影樣品的溫度都有關係：金屬的沸點越高、蒸鍍的時間越短、眞空度越高、蒸鍍時的角度越大、樣品的溫度越低，所得到的

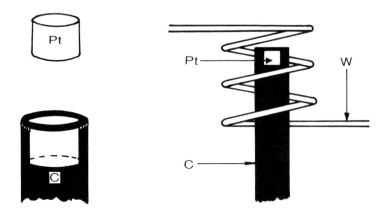

圖4.14　電子蒸鍍槍上所使用之白金碳與鎢絲之架設關係位置示意圖。

顆粒就越細，造成的解像力也越高。

　　投影技術的方法步驟與負染色類似，首先必須將分離的顆粒狀物體附著於覆有塑膠支持膜並經過鍍碳強化後之銅網上，然後置於真空蒸鍍機中，並架設好欲蒸鍍之重金屬，使之與樣品呈一定角度，相距約 10 至 15 公分 (圖 4.15)，蒸鍍金

圖4.15

金屬投影時樣品與投影
金屬安裝之相關位置。

屬與樣品的角度應視樣品之大小而定，較大之樣品如細菌、病毒，約 45 度角即可，較小之樣品如蛋白質、核酸等則須將角度降至 20 度以下。為了概略知道蒸鍍膜的厚度，可在鐘罩內放置一小片瓷片，並在其上滴一滴真空油，由蒸鍍時油面的顏色變化決定蒸鍍的時間，如此可避免蒸鍍膜太厚而影響樣品的觀察。真空蒸鍍機的操作如同上節所述，待鐘罩內真空度達到 5×10^{-5} torr 上下時即可開始蒸鍍，圖 4.16 為一具有鞭毛的細菌經由鉑鎘合金作投影所得到的結果。

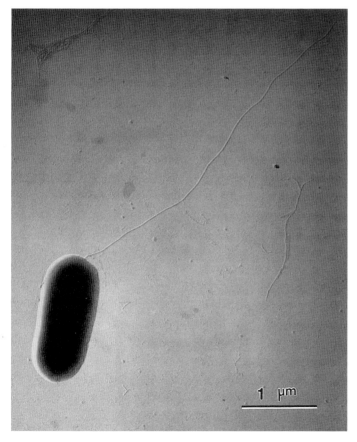

圖4.16　以 Pt-Pd 投影之細菌在 TEM 下所觀察到的結果。

　　從蒸鍍於樣品之方向來區分，共有三種不同之方式，分別詳述於下：

㈠單向投影 (One-directional Shadowing)

單向投影意即將樣品置於蒸鍍源下方與之呈一特定角度作單方向蒸鍍，此法可使物體之某一邊緣呈現陰影，故在觀察時較有立體感，但在判斷物體之長寬或大小時較不易作精確之測量 (圖 4.17A)。習慣上我們常將所攝得之底片經由暗房技術使黑白的部位反轉，即使物體呈白色，投影為黑色，如此可有更佳的立體效果 (圖 4.17B)。

㈡雙向投影 (Bi-directional Shadowing)

雙向投影即對物體作兩次不同方向的蒸鍍投影，也就是在第一次蒸鍍完畢後將樣品旋轉 90 度或 180 度作第二次投影。此法可改善單向投影之缺點，並可由兩次蒸鍍所產生之陰影大小精確計算出物體之高度 (圖 4.17C)，但對於細長絲狀之物質如核酸或纖維蛋白質却不甚理想。

㈢旋轉投影 (Rotary Shadowing)

旋轉投影是 Kleinschmidt 等人在 1962 年首先使用的，此法通常用於觀察極小的生物分子，如蛋白質的次體 (subunit) 或 DNA、RNA 分子。由於此類分子甚小，故除了在蒸鍍時讓樣品作 360 度快速旋轉外，並常將蒸鍍的角度調低，即所謂低角度旋轉投影 (low angle rotary shadowing)。此種投影方式由於沒有明顯的陰影形成，可精確測量微細顆粒的直徑，但相對損失了立體感，很難判定物體高低的層次 (圖 4.17D)。

金屬投影之技術，除了應用於觀察微細顆粒狀之物體外，在表面鑄模(surface replication)及冷凍斷裂複製模片(freeze-fractured replica)的製作上，也扮演著重要的角色。

三、表面鑄模

不管是負染色或金屬投影等技術，雖然可直接觀察物體之立體結構，但均只限於一些分離的顆粒狀標本，對於較大型之動物或植物細胞表面的微細立體構造，在掃描式電子顯微鏡尚未普遍使用前，只有仰賴表面鑄模 (surface replication) 的方式來加以觀察。所謂表面鑄模即在物體表面以金屬作投影，再以碳蒸鑄出一複製模片 (replica)，將物體表面微細結構複印下來的一種技術。

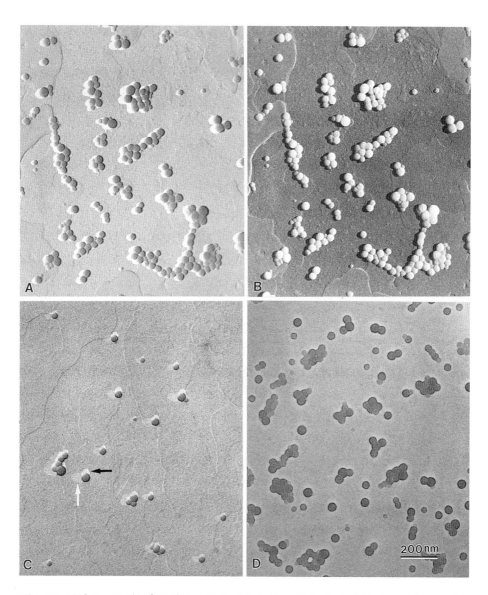

圖4.17　圓球狀顆粒物質在單向、雙向以及旋轉投影方式下所得到之影像。(A)單向
　　　　投影時物體邊緣在投影方向呈現一明顯白影；(B)將(A)圖之底片沖洗成反
　　　　轉對比時可有較明顯之立體效果；(C)雙向投影時物體出現兩個陰影，黑色
　　　　箭頭為 45°角投影，白色箭頭為 30°角投影結果；(D)旋轉投影時物體有極
　　　　為明顯而完整的輪廓，但相對損失影像之立體感。

　　鑄模之技術最早見於 1940 年 Mahl 之報告，當時他以 Collodion 作為鑄模之材料，將不銹鋼之表面複印下來觀察其立體構造，直到 1954 年才被 Bradley 以碳模取代。鑄模可依製作複製模片的方式區分為一次鑄模 (single-stage replication) 或二次鑄模 (two-stage replication)，一次鑄模是直接以樣品表面作為模版，將鑄模物質覆蓋於其上，再使二者分開，即可得到複製模片；二次鑄模則是先以塑膠物質自樣品表面複製出一模版，再以此塑膠模版為樣品，以碳作二次鑄模，將塑膠溶解後得到複製模片稱之 (圖 4.18)。而作金屬投影的時間若在鑄模前則稱為前投影鑄模 (pre-shadowing replication)，在鑄模之後則為後投影鑄模 (post-shadowing replication) (圖 4.19)。一般而言，生物標本多以前投影、一次鑄模的方式製作複製模片，製作表面鑄模片的步驟如下：

㈠樣品前處理

　　對於原本是乾燥堅固的樣品可毋須經任何處理直接製作複製模片，但一般生

(a)　　　　　　　　　　　　(b)

圖4.18　一次鑄模(a)與二次鑄模(b)方式示意圖。

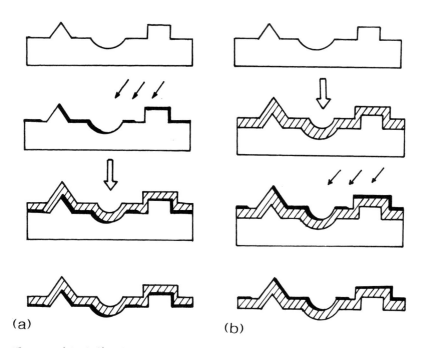

圖4.19　前投影鑄模(a)與後投影鑄模(b)方式示意圖。黑色箭頭代表金屬投影之方
　　　　向，白色空心箭頭代表蒸鑄碳模方向。

物樣品均含相當多之水分，因此在製作複製模片前必須經過固定過程使其變得堅
硬，再經脫水乾燥等步驟方可順利進行表面鑄模工作。

㈡投影與鑄碳

　　經過乾燥之生物樣品置於真空蒸鍍機之操作室中，先以 45 度之角度將白金碳
投影於其表面，再由正上方蒸鑄厚約 20　nm 之碳模即可　(圖 4.20)。若有冷凝阱
(cold-trap) 之裝置在低溫下操作，可得到更理想之結果。

㈢複製模片之漂展與清洗

　　製作完成之複製模片必須使其脫離樣品，習慣上可直接讓其漂展於蒸餾水面
上，並以白金線圈 (platinum wire loop) 或前端燒成圓球之玻璃細管撈取複製模
片（圖 4.21），移入其他液體中如 70％ 的硫酸、15％ 的次氯酸鈉(sodium hypoch-
loride)等，將附著於複製模片之組織細胞溶解去除，並經過數次蒸餾水之清洗後，
再以未製作支持膜的銅網撈取即成。

圖4.20　製作表面鑄模的儀器仍為真空蒸鍍機，可利用兩組電極分別蒸鍍金屬與
　　　　碳，或以電子蒸鍍槍製作複製模片。

圖4.21　清洗複製模片所使用之工具。白金線圈乃以白金線折成一圓形小環，利用
　　　　水的表面張力使複製模片浮於水滴上，以便轉移至不同液體中清洗。

　　表面鑄模之技術除了可觀察物體表面的立體結構外，並可配合冷凍斷裂技術，觀察生物細胞內各種胞膜表面之微細構造，爲目前相當普遍的一種生物電顯技術，將於下一章中作詳細介紹。

參考文獻

1. Bradley, D. E. (1958), Simultaneous evapopration of platinum and carbon for possible use in high-resolution shadow-casting for the electron microscope. Nature, Lond., 181 : 875.

2. Farrant, J. L. (1954), An electron microscope study of ferritin. Biochem. Biophys. Acta., 13 : 569.

3. Gregory, D. W. and Piria, B. J. S.(1973), Wetting agents for biological electron microscopy. 1. General considerations and negative staining. J. Microscopy, 99 : 251.

4. Hagler, H. K., W. W. Schulz and R. C. Reynolds (1977), A simple electron beam gun for platinum evaporation. J. Microscopy, 110 : 149.

5. Harris, W. J. (1975), Auniversal metal and carbon evaporation accessory for electron microscopy techniques and a method for obtaining repeatable evaporations of platinum carbon. J. Microscopy, 105 : 265.

6. Hayat, M. A. (1972), Principles and techniques of electron microscopy. Biological Applications, Vol.2, Van Nostrand Reinhold, New York.

7. Heinmets, F. (1949), Modification of silica replica technique for study of biological membranes and application of rotary condensation in electron microscopy. J. Appl. Phys., 20 : 384.

8. Katoh, M. and H. Nakazuka (1977), A simple vacuum evaporation method of high melting-point metals and its application. J. Electron Microscopy, 26 : 219.

9. Kistler, J., U. Aebi and E. Kellenberger (1977), Freeze-drying and shadowing a two dimemsional periodic specimen. J. Ultrastruct. Res., 59 : 76.

10. Kleinschmidt, A. K., D. Lang, D. Jackerts and K. Zahn (1962), Darstellung und langmessungen des gesamten desoxyribonucleinsaureinhaltes von T_2-bankteriophagen. Biochem. Biophys. Acta., 61 : 857.

11. Lang, D. (1971), Individual macromolecule : preparation and recent results with DNA. Phil. Trans. R. Soc. Ser. B., 261 : 151.

12. Matsui, S., H. Kawakatsu and K. Adachi (1975), High quality shadowing using point evaporator. J. Electron Microscopy, 24 : 227

13. Meek, G. A. (1976), Practical electron microscopy for biologist. 2nd ed. John Wiley & Sons, London.

14. Sommerville J. and U. Scheer (1987), Electron microscopy in molecular biology. Irl. Press, Oxford.

15. Watson, M. L. (1956), Carbon films and specimen stability. J. Biophys. and Biochem. Cytol., 2 : No.4, suppl. 31.

16. Williams, R. C. and L. M. Smith (1958), The polyheadral form of the Tipula iridescent virus. Biochem. Biophys. Acta., 28 : 464.

17. Williams, R. C. and R. W. G. WycKoff (1946), Application of metallic shadow casting to microscopy. J. Appl. Phys., 17 : 23.

18. Willison, J. H. M. and A. J. Rowe (1980), Practical methods in electron microscopy, Vol.8, North-Holland, New York.

第五章
冷凍斷裂與冷凍蝕刻技術

陳家全

臺灣大學動物學研究所副教授

一、冷凍原理與方法 ………………………………………………… 85

　㈠浸入冷凍法 ……………………………………………………… 89

　㈡金屬台冷凍法 ………………………………………………… 90

　㈢丙烷噴射冷凍法 ……………………………………………… 90

　㈣噴灑冷凍法 …………………………………………………… 92

　㈤高壓冷凍法 …………………………………………………… 93

二、冰蝕儀 …………………………………………………………… 93

三、斷裂與蝕刻 …………………………………………………… 96

四、複製模片之製作與清洗 …………………………………… 98

五、影像之判定 …………………………………………………… 99

　• 參考文獻 ………………………………………………………… 105

冷凍斷裂 (freeze-fracture) 與冷凍蝕刻 (freeze-etch) 技術近年來已成為電子顯微鏡在生物科學研究上一種非常普遍而重要的方法，尤其是對於蛋白質在生物胞膜上分布排列的觀察與判定。冷凍裂蝕標本的製作技術與超薄切片迥然不同，不但提供了細胞在斷裂面上三度空間的結構 (圖 5.1)，加上以快速冷凍方式固定標本，更大大地減低了因化學方法固定所產生的標本微細構造之變異，可避免一些錯誤的判斷。

所謂冷凍斷裂乃指將標本急速冷凍後，在高真空及低溫狀態下使之斷裂，再以金屬投影於斷裂面上，並以碳鑄模作成複製模片 (replica) 來觀察斷裂面之微細構造的技術。而冷凍蝕刻則是在標本斷裂後使冰塊在高真空下直接昇華，露出埋藏在冰塊中的部分細胞構造後，再進行投影及鑄模等步驟。冷凍斷裂技術最早見於 1957 年 Steere 之研究報告，當時他成功地以此法觀察到濾過性病毒在細胞中分布之情形。

通常冷凍蝕刻技術必需經過冷凍 (freeze)、斷裂 (fracturing)、蝕刻 (etching)、投影 (shadowing)、鑄模 (replication)、清洗 (cleaning) 等步驟，方可將製得之複製模片置於穿透式電子顯微鏡下觀察，這些步驟分別詳述於下。

一、冷凍原理與方法

在冷凍蝕刻技術中，傳統的化學固定 (chemical fixation) 法被冷凍固定 (cryofixation) 法所取代，此乃因為許多細胞於冷凍後再行解凍，依然可以存活，顯示冷凍對於細胞之破壞甚小，可保持細胞接近於活體的狀態。雖然冷凍固定較一般化學固定更能有效地保存生物標本之微細構造的真實性，但由於細胞中含有

圖5.1 以冷凍裂蝕技術所製得之肝細胞的複製模片，在低倍率下可見完整而立體的
細胞內部構造。(N) 細胞核，(M) 粒線體，(P) 細胞膜，(L) 脂肪球，(NP) 核
孔，(ER) 內質網。

圖5.2 細胞在冷凍固定時，因冷凍速度太慢而出現許多大型冰晶 (箭頭所示)，嚴重
　　　破壞細胞內部的微細構造。

相當多的水份，而水在冷凍時會有冰晶 (ice crystal) 的形成，因而常會造成細胞
微細構造的破壞，尤其是較大型的冰晶 (圖 5.2)，因此以冷凍法固定標本時，必須
儘可能避免大型冰晶的產生。通常冰晶的大小受到兩項因素影響：一為溶液中所
含溶質的濃度，一為冷凍之速率。一般而言，濃度越高，冷凍速度越快，所形成
的冰晶越小；反之，液體濃度越低或冷凍速度較慢則冰晶越大，圖 5.3 為水在慢速
冷凍下所形成的大型冰晶。純水通常在 0°C 時開始結冰，並可持續至零下 130°C，
超過－130°C 以下則不再有冰晶產生，而是以玻璃狀構造存在，此溫度稱為純水的
再結晶點 (recrystallization point)，換句話說，水在凝固點至再結晶點之溫度範
圍內，才會形成冰晶。所謂急速冷凍就是將標本快速降溫，使溫度在非常短的時

圖5.3 水在慢速冷凍下所形成的大型冰晶。

間內降至水的再結晶點以下，以減少冰晶的產生，至於細胞質的結冰範圍則在－2°C 至－80°C 之間。由於生物標本傳熱的能力較差，急速冷凍不易達成，故增加溶液中溶質之濃度來縮小水結冰的溫度範圍以達到冷凍保護 (cryoprotection) 的作用為必要之步驟。所謂冷凍保護意即在細胞中加入一些抗凍劑 (cryoprotectant) 以增加細胞質內物質的濃度，減少在冷凍時冰晶的形成。一般常被用來作為抗凍劑的物質有甘油 (glycerol) 、蔗糖 (sucrose)、乙二醇 (ethylene glycol) 與二甲基亞碸 (dimethyl sulfoxide, DMSO) 等，此類物質可與水分子形成氫鍵而干擾冰晶的形成，其中以甘油最常被使用。添加甘油之濃度視細胞的含水量而定，若組織細胞含水量在 90% 以上，須有 25～30% 的甘油作為冷凍保護，若細胞含水量僅 75% 則只需 10% 左右之甘油，而含水量低過 60% 的細胞則無需使用抗凍劑。添加抗凍劑時應緩緩增加濃度，不宜過速。

在冷凍固定生物標本之前，除了加入抗凍劑以減少冰晶的形成外，常先以戊二醛 (glutaraldehyde) 作初固定。冷凍標本的方法有許多種，目的均不外乎在使標本能夠達到急速冷凍的效果，而冷凍時所選用的冷凍劑 (cryogen) 也視所使用之方法而有所不同。較常被用來作為冷凍劑的物質有丙烷 (propane)、氟氯甲烷 (freon) 及液態氮 (liquid nitrogen) 等，其中以液態丙烷冷凍效果最佳，圖 5.4 中顯示各種冷凍劑在冷凍標本時之速率。以液態氮來冷凍標本甚為方便，不若其他冷凍劑必須在極低溫的狀況下才能以液態存在，但由於在標本置入液態氮的瞬間，標本周圍的液態氮會汽化而形成保護膜，隔絕了溫度的傳導，因而冷凍效率最差。若將液態氮置於封閉容器中，抽真空使其形成固態氮後，再局部液化可得到較好的冷凍效果，此法稱為氮泥 (nitrogen slush) 法。常用之冷凍標本方法如下：

㈠浸入冷凍法

在所有的冷凍方法中以浸入冷凍法 (plunge freezing method) 最簡單也最常被使用，首先準備一金屬容器置於盛有液態氮之罐中，灌入丙烷或氟氯甲烷使

圖5.4 各種冷凍劑之冷凍速度比較圖。(Balzer union)

其液化，再將經過前固定及冷凍保護處理之組織切成小塊置於金質之標本台上 (圖 5.5)，快速浸入液態丙烷或氟氯甲烷中，數秒鐘後待樣品完全冷凍即可置於液態氮中保存，此法亦可用於氮泥法中 (圖 5.6)。

㈡金屬台冷凍法

金屬台冷凍法 (metal block freezing method) 乃將標本直接接觸低溫的金屬表面以達冷凍效果，由於金屬對溫度傳導較液體理想，因此可獲得較好的冷凍結果。將一打光之銅塊置於液態氮或液態氦中，待完全冷卻後讓標本快速接近銅塊表面至剛好接觸爲止。此法可用於體積較大之標本，但理想之冷凍固定結果仍僅限於接觸金屬台表面 10 至 15 μm 範圍之標本。圖 5.7 顯示水在冷凍時自接觸冷凍劑的一面開始，冰晶的大小隨著遠離冷凍劑的方向而逐漸變大。

㈢丙烷噴射冷凍法

組織

細胞懸浮液

(a) (b) (c)

圖5.5 冷凍標本時所使用之標本台及標本放置方式。(a) 一般組織及細胞懸浮液所使用之金質標本台， (b) 組織塊可直接置於標本台中央凹槽內， (c) 細胞懸浮液則滴於標本台上。

圖5.6 浸入冷凍法之操作情形及暫時保存冷凍固定之標本的方法。(A)　Nitrogen slush, (B) 液態丙烷，(C) 暫時保存冷凍標本之液態氮容器。

圖5.7 水在急速冷凍時，冰晶形成之大小由接觸冷凍劑處（圖片左側）開始逐漸增大，指標刻度顯示距離。

圖5.8 噴射冷凍儀 (cryo-jet freezer) 之外型構造圖。

　　丙烷噴射冷凍法 (propane jet freezing method) 需用到一台稱為噴射冷凍儀 (cryo-jet freezer) 之特殊裝置儀器 (圖 5.8)，此儀器能將丙烷以液態氮冷卻成液體，並在標本射入冷凍室的同時噴出液態丙烷，此種冷凍方法常用於細胞懸浮液或單細胞生物上，較不適用於組織塊。標本通常夾於兩片金屬片中成三明治狀，再固定於一標本桿上 (圖 5.9)，然後快速射入冷凍室中，因此冷凍時可自兩個方向同時冷凍，冷凍效果甚佳。

㈣噴灑冷凍法

　　上述三種冷凍方法在進行冷凍時均只由標本的一個或兩個方向進行，而噴灑冷凍法 (spray-freezing method) 可自標本的各個方向同時冷凍，因此冷凍效果更佳，即使不用冷凍保護劑處理亦可得到相當理想之效果，唯標本種類受到限制，僅單細胞懸浮液樣品適合以此法冷凍。此法首先將標本噴灑於冷凍劑中，然後在真空下逐漸加溫至 $-85°C$ 使冷凍劑汽化，溫度應避免高過水的再結晶點以防止冰晶的再形成，最後再滴入預冷之丁基苯 (butyl benzene) 於標本上，連同標本滴於標本台上即可置入液態氮中保存。

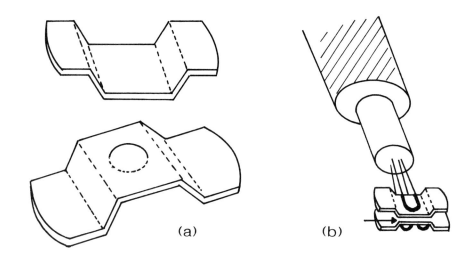

圖5.9 (a) 以噴射冷凍儀冷凍標本時所使用之銅質標本台。(b) 將細胞之懸浮液滴於
　　　銅片上 (箭頭處)，並將兩銅片相疊後安置於標本桿之彈簧夾上，即可進行冷
　　　凍。

㈤高壓冷凍法

　　在高壓下水之凝固點可下降至零下 20°C，且冰晶的形成也受到抑制，因此高
壓冷凍法 (high-pressure freezing method) 可適用於較大型標本作冷凍固定。由
於壓力必須在冷凍前數個毫秒 (msec) 內達到 2000 大氣壓以上，因此須有特殊高
壓冷凍設備方可進行。

二、冰蝕儀

　　經由冷凍固定處理後之標本必須在高度真空及低溫下進行斷裂、投影與鑄
模，Balzer 公司為此發展出一套儀器稱為冰蝕儀 (freeze etching apparatus) (圖
5.10)，此儀器主要包括一個操作室、一套真空系統、一組控制器以及一個液態氮
系統。真空系統與電子顯微鏡類似，由一個迴轉式唧筒和一個擴散式唧筒組成，
可使操作室之真空度達到 10^{-6} 至 10^{-7} torr。液態氮系統可使操作室冷卻至零下
170°C，並可穩定的控制於特定的低溫下。操作室中包含有一可旋轉之標本座、可
上下移動之刀座、以及一投影用之白金碳蒸鍍槍和一鑄模用之碳蒸鍍槍。除此之

圖5.10 Balzer 公司出品之 BAF 400 D 型冰蝕儀。(Balzer union)

外，並可裝置石英薄膜厚度測量器 (quartz crystal film thickness monitor)，用以精確測量所蒸鍍之白金碳與碳模的厚度 (圖 5.11)，這些裝置均由一組控制系統所調控。

蒸鍍槍之蒸鍍原理不同於一般真空蒸鍍機以鎢絲直接加熱方式，而是利用電子束撞擊欲蒸鑄之金屬產生高熱以達到蒸鍍的目的，故又稱為電子蒸鍍槍 (electron beam gun)，其構造已於前一章中說明。

蒸鍍白金碳及碳模的厚度可利用石英薄膜厚度測量器測定，實際厚度則由蒸

圖5.11 冰蝕儀之操作室內包括兩組可蒸鍍金屬 (Pt/c) 與碳模 (C) 的蒸鍍槍、可快
　　　速旋轉的標本座 (S) 、斷裂樣品用之金屬刀 (K) 以及用來測定投影與鑄模
　　　厚度的石英薄膜厚度測量器 (Q)。

鍍的時間及蒸鍍時的角度計算，通常白金碳蒸鍍槍、碳蒸鍍槍與石英薄膜厚度測
量器以及標本之相關角度如圖 5.12 所示，白金碳蒸鍍槍與標本之角度約為 45 度，
碳蒸鍍槍則在標本的正上方，而石英薄膜厚度測量器通常與垂直面呈 60 度夾角。
白金碳蒸鍍厚度計算公式為 $T_1 = S_1 \cdot \sin\alpha / \cos(\theta - \alpha)$，碳蒸鍍模厚度的計算公式
為 $T_2 = S_2 \cdot \sin\beta / \cos(\theta - \beta)$。

　T_1：白金碳在標本上的實際厚度

　T_2：碳模在標本上的實際厚度

　S_1：白金碳在石英上的記錄厚度

　S_2：碳模在石英上的記錄厚度

　α：白金碳蒸鍍槍與標本的夾角

　β：碳蒸鍍槍與標本的夾角

　θ：石英與垂直面的夾角

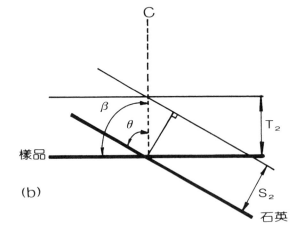

圖5.12
利用石英薄膜厚度測量器測
定蒸鍍白金碳(a)及碳模(b)的
實際厚度之關係圖。

　　製作複製模片最理想之厚度白金碳為 20～25 Å，碳模為 200～250 Å，在一般
狀況下 α 為 45°、β 為 90°、θ 為 60°，若石英薄膜記錄器上所顯示之白金碳厚度為
30 Å 時，實際厚度應為 $T_1 = 30 \sin 45° / \cos 15° \doteqdot 22$ (Å)，碳模厚度之記錄厚度為
200 Å 時，實際厚度應為 $T_2 = 200 \sin 90° / \cos 30° \doteqdot 230$ (Å)。

三、斷裂與蝕刻

　　樣品在經過處理及冷凍固定後，將之置於預冷之樣品固定台上 (圖 5.13)，每
一樣品固定台可固定三個標本，送入預先降溫至零下 130°C 之操作室中，調控溫

圖5.13 冷凍斷裂時所使用之樣品固定台，每一固定台可安置三種標本 (箭頭處) 同
　　　時作斷裂與鑄模。

圖5.14 以噴射冷凍儀作冷凍固定之標本所使用的樣品固定台與一般組織標本用者
　　　不同，斷裂時只須將橫桿推開 (箭頭所示)，即可同時保有兩個斷裂面。

度使其維持在－105℃，待溫度到達穩定，便可進行斷裂。所謂斷裂，就是以一鋒利金屬刀口由一端劃過標本上緣，即可得到斷裂面。若以噴射冷凍儀冷凍固定標本，則只需將三明治狀之金屬片掀開 (圖 5.14)，便可製得互補複製模片 (complementary replicas)，換句話說，也就是斷裂開來的兩個裂面均可製作成複製模片，並可對照比較對稱裂面上之微細構造。

　　蝕刻，也就是使冰塊直接昇華，通常在－105℃ 下進行最為理想，因為在此溫度下冰塊之昇華速度較緩和，易於控制也較不會有污染 (contamination) 發生。在－100℃ 時冰的蒸氣壓為 1×10^{-5} torr，相當於每秒鐘有 23Å 厚度的冰塊昇華。因此在攝氏零下 105 度和 1×10^{-6} torr 真空度下，水分子會不斷脫離標本表面，此時蝕刻之速度每秒鐘約為 20Å，蝕刻 60 秒鐘的時間，將可造成 1200Å 厚度的冰塊昇華。為了避免昇華的水分子再度凝聚於標本表面上造成污染，進行蝕刻時通常將斷裂用之金屬刀口移至標本正上方，使昇華之水分子凝聚於冰冷之金屬刀上以減少污染的形成。

四、複製模片之製作與清洗

　　複製模片的製作必須經過投影 (shadowing) 與蒸鑄 (backing) 兩個步驟，也就是在標本的斷裂面上以一特定的角度將重金屬蒸鍍其上，再由正上方蒸鑄上一層約 200Å 厚之碳膜作成複製模片。通常投影以白金碳作為材料，以 45° 之角度蒸鍍約 20～25Å 厚來提高對比度，蒸鍍時可由特定方向作單向投影，或快速旋轉樣品座作旋轉投影。旋轉投影雖可使顆粒狀物體有較明確的輪廓，以方便精確測量其直徑大小，但相對損失立體感 (圖 5.15)。在投影及蒸鑄碳模時溫度應控制適當，蒸鍍速度也不宜太快或太慢，否則在複製模片上常可見較大的蒸鍍顆粒散落其上，影響影像的觀察 (圖 5.16)。

　　製作完成之複製模片自冰蝕儀中取出，必須經過漂展手續使之與組織塊脫離，並經過清洗步驟將殘餘之組織細胞去除。對於單細胞或顆粒狀的微小物質所製得之複製模片的漂展較為簡單，只須將試樣台緩緩以一角度壓入蒸餾水或清洗液中，複製模片通常即可脫離細胞而浮於液面上。至於組織塊由於與複製模片之

圖5.15 酵母菌細胞經由單向投影 (A) 與旋轉投影 (B) 方式所製得之複製模片，可
　　　見細胞膜與細胞壁間蛋白質顆粒分布情形。

結合較爲緊密，漂展時較爲困難且易碎裂成小片狀，故常先將試樣台連同組織及
複製模片浸於冷凍之甲醇中過夜，如此可使複製模片較爲完整 (圖 5.17)。也有些
人使用配製於乙酸戊酯 (amyl acetate) 中的 1% 膠綿 (collodion) 溶液滴於複製
模片上成一固定薄膜，待清洗完成後再將膠棉溶解以便得到大而完整的複製模
片。通常組織塊先以 15% 的次氯酸鈉 (sodium-hypochloride) 浸洗一天，再以
40% 的鉻酸 (chromic acid) 清洗隔夜，最後以 50% 的氫氧化鈉 (NaOH) 浸泡
24 小時。至於單細胞則以 70% 硫酸浸泡數小時，再以次氯酸鈉清洗最爲理想。經
過上述方法處理後之複製模片再經蒸餾水清洗 (rinsing) 數次，便可撈於銅網上，
置於穿透式電子顯微鏡中觀察。清洗的方法如前一章所示，以白金線圈或前端燒
成小圓球的細玻璃棒將複製模片逐一移入清洗液中。若清洗的時間不夠或選用之
清洗溶液不當，常會造成殘餘的組織細胞附著於複製模片上，而影響對微細構造
的判斷 (圖 5.18)。

五、影像之判定

圖5.16 蒸鑄複製模片時蒸鍍槍之溫度控制不當，造成許多顆粒（箭頭所示）污染複
　　　製模片而影響觀察。

圖5.17
經過甲醇浸泡隔夜後再
漂展清洗之複製模片常
可保持得相當完整。

圖5.18 清洗不完全之複製模片，常可見殘餘的組織細胞 (箭頭所示) 存留於複製模片上，影響觀察。

生物胞膜 (biomembrane) 爲由磷脂 (phospholipid) 所形成之脂雙層 (lipid bilayer) 構造，其上鑲嵌著許多蛋白質，形成所謂的液性鑲嵌模型 (fluid mosaic model) 之胞膜結構 (圖 5.19)。由於雙層脂質之間並無化學鍵存在，僅靠凡得瓦爾力及磷脂對水之極性結合，因此在進行冷凍斷裂時，斷裂通常發生於胞膜之雙層脂質之間 (圖 5.20)。生物細胞中大多數胞器均具備單層或雙層胞膜的構造，且斷裂時並無一定的規則可循，因而在觀察複製模片時，對於影像之辨認與判定就更形複雜了。

通常我們將胞膜之各個膜面命名如下：胞膜之兩側爲表面 (surface)，雙層脂質之間稱爲斷裂面 (fracture face)，因此胞膜與細胞質相接觸之半膜則有胞質頁

圖5.19 生物胞膜的液性鑲嵌模型，蛋白質分子通常附著或貫穿於脂雙層結構上。

(Singer & Nicolson)

圖5.20 冷凍斷裂時斷裂處常發生於胞膜的脂雙層構造之間。

表面 (Protoplasmic Surface, PS) 與胞質頁裂面 (Protoplasmic Fracture Face, PF) 兩個膜面，不直接接觸細胞質的半膜則有胞外頁表面 (Extraplasmic Surface, ES) 與胞外頁裂面 (Extraplasmic Fracture Face, EF)，圖 5.21 顯示

圖5.21 細胞中各種具有胞膜構造之胞器的各層膜面名稱。(a) 細胞膜 (b) 內質網及 高爾基體 (c) 核膜 (d) 粒線體 (e) 葉綠體。

細胞膜及各種胞器之各層膜面名稱。在觀察冷凍蝕刻法所製作之顯微圖片時，必
須經由金屬投影所造成陰影的位置來判定物體的立體方位。通常是先找出圖片中
具有明顯陰影的顆粒狀構造定出投影方向，旋轉圖片使投影方向之由下往上，此
時圖像中所呈現之立體感覺方為正確，否則原本凸起的構造可能會看成凹陷而產
生誤判 (圖 5.22)。

　　由於冷凍斷裂多發生於雙層脂質之間，因此一般以冷凍斷裂法所製得之複製
模片，只能觀察到 PF 與 EF 兩個斷裂膜面，而膜蛋白質則大多出現於 PF 面上
(圖 5.23)。至於 PS 與 ES 之膜面，由於細胞質內含有許多物質及纖維，如微小管
(microtubule) 及微絲 (microfilament)，因此蝕刻的效果並不顯著，不易觀察到
胞器的真正表面，只有在單細胞 (如血球、精子、酵母菌等) 或特殊處理之標本，
經過蝕刻作用後方可顯現。

圖5.22 從複製模片上所照得之相片，將投影方向由上往下 (A) 或由下往上 (B) 放
　　　　置，則同一物體之立體構造的判斷將完全相反，通常可由投影的影子判定
　　　　物體的凹凸或將相片放置如 (B) 圖 (投影方向由下往上)，所見之立體感覺
　　　　方為正確。

圖5.23 (A) 紅血球細胞膜之裂面在 PF 上有較多之蛋白質顆粒。(B) 兩相鄰細胞之
　　　 細胞膜裂面，PF 為下層細胞之胞質頁裂面，EF 為上層細胞之胞外頁裂面。

參考文獻

1. Aldrich, H. C. and W. J. Todd (1986)，Ultrastructure techniques for microorganisms. Plenum Press, New York.

2. Branton, D., S. Bullivant, N. B. Gilula, M. J. Karnovsky, H. Moor, K. Muhlethaler, D. H. Northeote, L. Packer, B. Satir, V. Speth, L. A. Stahl-lin, R. L. Steere and R. S. Weinstein. (1975)，Freeze-etching nomenclature. Science, 190：54.

3. Branton, D. and S. Kirchanski (1977), Interpreting the results of freeze-etching. J. Microscopy, 111：117.

4. Dawes, C. J. (1979)，Biological techniques for transmission and scanning electron microscopy. Ladd Research Industries, Burlington.

5. De Maziere, A. M. G. L., P. Aertgeerts and D. W. Scheuermann (1985)，A modified cleaning procedure to obtain large freeze-fracture replicas. J. Microscopy, 137：185.

6. Dunlop, W. F. and A. W. Robards (1972) , Some artifacts of the freeze-etching technique. J. Ultrastruct. Res., 40 : 391.

7. Farrant, J., C. A. Walter, H. Lee, G. J. Morris and K. J. Clarke (1977), Structural and functional aspects of biological freezing techniques, J. Microscopy, 111 : 17.

8. Franks, F. (1977) , Biological freezing and cryofixation. J. Microscopy, 111 : 3.

9. Hayat, M. A. (1972) , Principles and techniques of electron microscopy. Biological Applications. Vol : II, Van Nostrand Reinhold, New York.

10. Margaritis, L. H., A. Elgsaeter and D. Branton (1977), Rotary replication for freeze-etching. J. Cell Biol., 72 : 47.

11. Mazur, P. (1970) , Cryobiology : the freezing of biological systems. Science, 168 : 939.

12. Muller, W. and P. Pscheid (1979) , A new inexpensive specimen carrier for freeze-fracturing. J. Microscopy, 115 : 113.

13. Pauli, B. U., R. S. Weinstein, L. W. Soble and J. Alroy (1977) , Freeze-fracture of monolayer cultures. J. Cell Biol., 72 : 763.

14. Robards, A. W. and U. B. Sleytr (1985), Low temperature method in biological electron microscopy. Vol : 10, Elsevier, New York.

15. Singer, S. J. and G. L. Nicolson (1972) , The Fluid Mosaic Model of the structure of cell membranes. Science, 175 : 720.

16. Sleytr. U. B. and A. W. Robards (1977a) , Freeze-fracturing : a review of methods and results. J. Microscopy, 111 : 77.

17. Steere, R. L. (1957), Electron microscopy of structural detail in frozen biological specimens. J. Biophys. Biochem. Cytol., 3 : 45.

18. Tonosaki, A. and T. Y. Yamamoto (1974) , Double-replicating method for the freeze-fractured retina. J. Ultrastruct. Res., 47 : 86.

19. Verkleih, A. J. and P. H. J. Th. Ververgaett (1978), Freeze-fracture morphology of biological membranes. Biochem. Biophys. Acta., 515 : 303.

20. Wehrli, E., K. Muhlethaler and H. Moor (1970), Membrane structure as seen with a double replica method for freeze-fracturing. Exptl. Cell Res., 59：336.

21. Willison, J. H. M. and A. J. Rowe (1980), Practical methods in electron microscopy. Vol：8, North-Holland, New York.

第六章
掃描式電子顯微鏡技術

陳家全

臺灣大學動物學研究所副教授

一、掃描式電子顯微鏡之構造與原理 ……………………… 111
二、樣品之製作 …………………………………………… 114
　㈠固定 ………………………………………………… 117
　㈡脫水 ………………………………………………… 118
　㈢乾燥 ………………………………………………… 118
　㈣覆膜 ………………………………………………… 119
三、臨界點乾燥 …………………………………………… 120
四、儀器的使用 …………………………………………… 123
　㈠放置標本 …………………………………………… 124
　㈡選擇加速電壓 ……………………………………… 124
　㈢加熱燈絲 …………………………………………… 124
　㈣影像之觀察與儀器校正 …………………………… 124
　㈤照相 ………………………………………………… 126
　•參考文獻 …………………………………………… 128

早在 1935 年 Knoll 就已提出了掃描式電子顯微鏡的構想與概念，並於 1938 年由 Von Ardenne 製造成功，但卻遲至 1965 年才由 Cambridge 公司將之商品化。若與穿透式電子顯微鏡比較起來，掃描式電子顯微鏡的標本製作技術較為簡單，而且由於其乃接收由物體表面所釋出的電子作為呈像的依據，加上相對於 TEM 及光學顯微鏡有較長的景深，是故對於物體表面三度空間之微細結構的觀察，提供了非常真實而方便的研判。唯其解像力不如 TEM 高，約只有 30 至 50Å，故仍無法完全取代 TEM 之鑄模技術。

在第一章中我們曾介紹電子束撞擊在樣品上時所產生的各種訊息，其中的二次電子與背向散射電子為掃描式電子顯微鏡主要的呈像依據。在 SEM 中，由電子槍所產生的電子通常由電磁透鏡聚集成直徑小於 100Å 以下之電子束照射於樣品上，稱之為電子探束 (electron probe)，探束會深入樣品表面形成一作用體積 (interaction volume)，並在不同層面上釋出歐傑電子 (Auger electron)、二次電子、背向散射電子以及 X 射線 (圖 6.1)，歐傑電子所具有的能量最弱，只能在樣品最表面才偵測得到，二次電子次之，產生之數量也最多，背向散射電子具有較高之能量，故可自較深層中產生。分別接收各類電子而呈像，可觀察物體表面立體的結構，X 射線則可作為分析樣品中成分元素之種類與定量之依據。

一、掃描式電子顯微鏡之構造與原理

掃描式電子顯微鏡主要包括兩部分：一為提供並聚集電子於標本上產生訊息的主體；一為顯示影像的顯像系統 (display system) (圖 6.2)。主體由電子槍、電磁透鏡、樣品室 (specimen chamber) 及真空系統組成。電子槍之構造與 TEM 相似，所產生的電子經過電磁透鏡聚成一極小的電子探束後照射於標本上，並在標

電子束

樣品

■ 歐傑電子

▨ 二次電子

⬚ 背向散射電子

□ X 射線

圖6.1　　電子探束撞擊在樣品表面時，各種訊號電子自作用體積之不同層面
　　　　釋出的情形。

本上作來回掃描。標本通常置於一個可前後左右移動並可作水平旋轉與高角度傾
斜的樣品座 (specimen stage) 上，電子束撞擊標本後所產生之訊號則由偵測器
(detector) 接收，並經過轉換放大後顯示於螢光幕 (CRT) 上，眞空系統則負責維
持鏡柱中的高度眞空。圖 6.3 爲一般掃描式電子顯微鏡鏡柱的構造圖。

　　在掃描式電子顯微鏡中，被電磁透鏡聚集的電子束經由兩組掃描線圈 (scan-
ning coils) 使之規則的在標本上來回移動，即所謂的掃描，其掃描的範圍與速度
均可任意控制，並與螢光幕上的掃描同步。當電子束撞擊在標本上的特定位置時，
所產生的二次電子或背向散射電子被偵測器接收後，經轉換放大傳送至螢光幕
上，即可顯現影像。偵測器的主要構造爲一閃爍器 (scintillator)，可將撞擊其上
的電子所產生的光子經由光管 (light pipe) 傳至光放大器 (photomultiplier) 加以
放大增強，爲了能夠接收較多的二次電子訊號或選擇接收背向散射電子，通常在

圖6.2　掃描式電子顯微鏡之外形構造圖。

閃爍器外圍另有一金屬罩，可提供−50至＋300伏特左右之電壓。由於二次電子所具有的能量較低，故在金屬罩為正電壓時會被吸引而進入偵測器，若將金屬罩改為負電壓時，則二次電子會被排斥而僅有能量較大的特定角度背向散射電子有機會進入偵測器 (圖 6.4)。由於標本上所產生的訊號以二次電子為最多，故通常掃描式電子顯微鏡多以二次電子影像 (Secondary Electron Image, SEI) 來觀察樣品，當然我們也可以只選擇接收背向散射電子而顯現背向散射電子影像 (Backs-cattered Electron Image, BEI)。由於背向散射電子影像由樣品中較深層的部位釋出，且僅有特定角度方可進入偵測器，故背向散射電子影像較二次電子影像有更明顯之立體感 (圖 6.5)。至於影像的放大倍率乃決定於電子束在標本上掃描的範圍與螢光幕的比值，掃描範圍越小，則所觀察到的影像放大倍率越大 (圖 6.6)。而解像力則視所聚成的電子探束直徑大小而定，探束直徑越小解像力越高。

　　由於不斷的改良，現代的掃描式電子顯微鏡除了可直接從 CRT 上控制對比度、亮度、影像旋轉、局部放大等功能外，並有自動對焦 (auto focus)、動態變焦 (dynamic focus)、自動照相、影像處理 (image processing)、甚至電腦套色等裝

圖6.3　掃描式電子顯微鏡的鏡柱剖面圖。(Hitachi, LTD.)

置，使儀器操作越來越簡單方便。

二、樣品之製作

　　不論是 TEM 或 SEM，樣品處理的好與壞，會決定將來影像觀察的品質，尤

圖6.4 偵測器構造以及接收二次電子及背向散射電子之方式。(a)當閃爍器
(S)外圍之金屬罩帶正電時,二次電子會被吸引而進入偵測器,(b)當金
屬罩改為負電壓時,只有特定角度之背向散射電子方可被接收。

圖6.5 同一塊 IC 板以二次電子影像(A)與背向散射電子影像(B)觀察所得到
影像立體構造之比較,背向散射電子影像有較明顯之立體效果。

圖6.6　　掃描式電子顯微鏡之放大倍率由掃描區域大小來決定，(A)圖中之方
　　　　　形區域即為(B)圖的掃描範圍，而(B)圖內的方形區域為(C)圖的掃描範
　　　　　圍，(D)圖的掃描區域最小，放大倍率最大。

其是生物標本。雖然掃描式電子顯微鏡的樣品處理比 TEM 簡單，但由於生物標本含有相當多的水分，因此仍然需要經過固定、脫水等步驟，且爲了避免在去除水分時發生表面微細構造的變形，乾燥（drying）成爲掃描式電子顯微鏡在樣品處理技術中極爲重要的過程。最後又因爲生物標本無法導電傳熱，必須在其表面上覆蓋一層金屬薄膜，以利觀察，此步驟稱爲覆膜（coating），否則在電子束掃描的過程中，標本將因高溫而遭破壞。倘若樣品本身爲乾燥堅硬之物體，如頭髮（圖 6.7）、牙齒、指甲等，則可不經過固定、脫水或乾燥等過程，直接覆膜後即可置於 SEM 中觀察。至於非生物之材料，若本身已具導電性質，則不需經過任何處理即可觀察。

㈠固定

圖6.7　乾燥如頭髮之物體可直接經過覆膜後置 SEM 中觀察。

掃描式電子顯微鏡之樣品固定一般以化學固定為主，與 TEM 樣品固定方式相似，仍以戊二醛 (glutaraldehyde) 及 OsO_4 作雙重固定。唯因觀察的位置著重於表面結構，樣品的大小與固定的時間、溫度等要求較不如 TEM 嚴格，不過樣品仍不宜過大，以免因脫水及乾燥的不完全而影響觀察。

㈡脫水

SEM 樣品製作無需經過包埋與切片，故脫水的目的與 TEM 略有不同。雖然不經脫水的步驟仍可使樣品乾燥，但如此常使物體表面產生形變，為了方便特殊之乾燥樣品方式，如臨界點乾燥法 (critical point drying)，通常樣品仍先經過酒精或丙酮系列濃度脫水，與 TEM 樣品處理相同。

㈢乾燥

常見的乾燥樣品方法有三種形式：空氣乾燥 (air drying)、臨界點乾燥 (critical point drying) 與冷凍乾燥 (freeze-drying)。空氣乾燥又稱為自然乾燥，為三種方式中最簡單但效果最差者，通常物體在自然乾燥時表面會產生極不規則的凹陷、皺縮等現象，此仍由於水在蒸發時，會造成每平方公分高達 66000 公斤的表面張力改變，因此即使堅硬如鱗片、花粉、孢子等生物樣品仍會塌陷而影響觀察。若經過脫水將樣品中的水分以酒精或丙酮完全置換取代後再讓其自然乾燥，雖較直接由水中自然乾燥其表面張力的改變為小，但仍不甚理想 (圖 6.8)。

臨界點乾燥是應用最為普遍的一種乾燥方式，其基本原理為利用物質在特定的溫度和壓力下可達到液氣相並存的特性，使物質之液相與氣相之界面消失，物體在此狀態下乾燥，可避免表面張力的改變，而保存物體原本的微細構造，此特定之溫度與壓力即所謂臨界點 (critical point)。通常每種物質均有其特定的臨界點，而被用來作為臨界點乾燥的物質稱為轉換液 (transitional fluid)，欲乾燥的樣品必須完全浸泡於其中。一般最常使用的轉換液為液態二氧化碳，此乃由於二氧化碳的臨界點較低較容易達到，且在生物標本能容忍的範圍內。樣品脫水至 100% 的酒精或丙酮後即可置於臨界點乾燥機中，經過數次置換使樣品中之酒精或丙酮完全由液態 CO_2 取代後，將溫度加至 31.4°C 以上，確定壓力超過 73 大氣壓時，即可緩慢地釋出 CO_2 氣體使標本乾燥 (圖 6.9)，詳細原理及操作方法將於下一

圖6.8　　菊花花瓣表面之微細構造經過自然乾燥(A)與臨界點乾燥(B)處理後之
　　　　比較，自然乾燥由於表面張力的影響，細胞產生極嚴重的皺縮現象。

節中介紹。

　　冷凍乾燥法可得到較臨界點乾燥更為理想的乾燥效果，但樣品處理較麻煩且
耗時長久，樣品必須先經過急速冷凍處理後，在零下 85 至 100℃的低溫及高度真
空下，經歷數小時至數天的過程，使水直接由固體昇華成氣體，方可達到乾燥效
果，故一般僅用於特定生物樣品上。

㈣覆膜

　　樣品乾燥完成後先以兩面膠或銀膠固定於試樣台 (stub) 上，再進行覆膜工
作。覆膜的主要目的如下：(1)使生物標本的表面均勻地覆蓋上一層金屬薄膜後變
成能夠傳熱導電，以減少因電子束撞擊產生充電 (charging) 現象而影響觀察的困
擾；(2)覆膜後的生物標本在電子束的撞擊下較易產生二次電子，有利於訊號的接
收與觀察；(3)金屬薄膜可以保護生物樣品，避免電子束掃描時產生的高熱破壞樣
品表面的微細構造。覆膜通常可利用真空蒸鍍機或離子覆膜機 (ion coater) 來完
成，而以離子覆膜機可有較理想的結果。

　　離子覆膜機的構造相當簡單，由一迴轉式唧筒及一操作室組成 (圖 6.10)，操作室中有一組電極，通常將覆膜用的金屬片 (黃金) 固定於陰極上，樣品則置於陽極，當操作室內的真空度達到 10^{-2} torr 左右時，通上電壓，使殘留在操作室中之空氣分子離子化而帶有正電，這些離子化的空氣分子便會飛向陰極而撞擊陰極上的黃金，使金原子散落於樣品表面，形成一均勻的金屬薄膜 (圖 6.11)。薄膜的厚度可由時間來控制，一般以 3 至 5 分鐘最適合，厚度約為 200 Å。操作室中常以鈍氣如氬 (Ar) 或氮氣 (N_2) 來取代空氣作為撞擊金屬的分子，如此可避免金屬氧化而造成污染，生物樣品經過上述四個處理過程後，便可置於 SEM 中觀察，圖 6.12 為未經覆膜與經過覆膜步驟後的生物樣品之比較。

三、臨界點乾燥

圖6.9　(a)自然乾燥時，水分子不斷脫離液面，表面張力的作用將使物體變形。(b)以 CO_2 作為轉換液在臨界點時有液氣相並存之狀態，液體與氣體之間的界面消失，乾燥時可保持物體原形。

圖6.10　離子覆膜機的外形構造。

黃金

樣品

○ 空氣分子
● 金原子

圖6.11
離子覆膜機原理爲殘留
在操作室中的空氣分子
被離子化後會撞擊陰極
上的金塊，使金原子散
落於標本表面上。

圖6.12　向日葵花粉未經覆膜步驟在顯微鏡下因導電效果不佳而造成影像品
　　　　質不良(A)，若經覆膜後可使影像清晰穩定(B)。

　　在一般的溫度與壓力下，一種以液體存在的物質其分子可以一定的速度脫離
液面而形成氣體，即所謂的蒸發，此時我們可以很明顯的看到液相和氣相間的界
面，當溫度逐漸上昇時，物質會傾向於以氣態存在，而壓力增加時，物質則傾向
於以液態存在。對一種特定的物質而言，當溫度昇高到某一定點時，不管這時壓
力多大，此物質無法再以液態存在時，此溫度即稱為此物質的臨界溫度 (critical
temperature)。反之，當壓力增加到一定值時，不管溫度再高，此物質無法以氣
態存在，則此壓力稱為臨界壓力 (critical pressure)。因此，當一種物質置於其臨
界溫度與臨界壓力下時，此物質的密度將介於氣態時與液態時之密度間，既是氣
體也是液體，呈現液氣相並存的現象，而此特定溫度與壓力狀態則稱為臨界點。
以水為例，水的臨界溫度為 374°C，臨界壓力為 217.7 大氣壓，在臨界點時，液氣
相間的界面消失，在此狀態下進行乾燥，將不再有表面張力的改變，樣品也不致
產生變形。

　　由於水的臨界點過高，不易達成也非生物標本所能忍受，因此通常我們以臨

界點較低的物質如二氧化碳 (31.4°C, 72.9 atm)、氟氯甲烷 (19～29°C, 30～50 atm) 等物質取代。固定過之樣品經過酒精或丙酮系列濃度脫水至 100% 後，置於臨界點乾燥機 (圖 6.13) 之樣品室中，灌入液態 CO_2 至七分滿，靜置十分鐘，讓樣品中的酒精或丙酮被取代出來，再逐漸將 CO_2 放掉 (勿使液態 CO_2 完全消失，至少須覆蓋住樣品)，重新灌入液態 CO_2，如此重複數次，直至樣品中之脫水劑完全被液態 CO_2 取代為止。置換完成後將溫度調至 35°C 左右 (高過 31.4°C)，待壓力超過二氧化碳的臨界壓力時，即表示 CO_2 已處於液氣相並存狀態，此時調整放氣口以每分鐘 2 公升的速度將 CO_2 逐漸放掉，直至壓力降為零即完成乾燥，將溫度調回室溫，取出樣品，固著於試樣台上，再經過金屬覆膜後即可送入 SEM 中觀察。

四、儀器的使用

　　掃描式電子顯微鏡開機的步驟與 TEM 相同，須先啟動冷卻系統與真空系統，待真空度到達後即可使用，操作使用步驟如下：

圖6.13　臨界點乾燥機的外形構造圖。

㈠放置標本

先破除試樣室之真空，將試樣台固定於樣品座上，高度必須適當，以避免撞及透鏡底部而造成污染，再將樣品室抽真空，待真空指示燈亮時即可正常操作使用。

㈡選擇加速電壓

加速電壓的選擇通常依照一定之原則，即欲觀察之倍率越高或要求之解像力越好，則選定越高的加速電壓，若樣品本身導電度不佳或未經處理，則選用較低電壓。加速電壓越大時電子探束越深入樣品表層，深層的二次電子過多將使亮度增強而掩蓋了最表層的訊息，且易造成樣品傷害。圖 6.14 為同一種樣品在不同加速電壓下觀察時所呈現之表面構造的比較。

㈢加熱燈絲

與 TEM 相同，燈絲應加熱至其飽和點，通常可利用亮度或波形 (waveform) 之高低來判定，如果燈絲裝置無誤，加熱至飽和點時，燈絲電流強度 (beam current) 應在 $100\sim150\ \mu A$ 之間，且亮度均勻。過高將使燈絲壽命減短，過低則無法得到清晰的影像。

㈣影像之觀察與儀器校正

現代之 SEM 多具備自動對焦系統，可在短時間內得到清晰影像，甚為方便。利用試樣室外之方向控制器找到欲觀察之位置後，放大到適當的倍數，以自動對焦找到適當之焦距即可，但若打算得到最清晰之影像以便拍照留下永久記錄，則需作下列之校正與調整。

1.工作距離 (Working Distance) 的設定

所謂工作距離乃指標本最表面至最近標本之透鏡間的距離，當選擇觀察的倍數愈高，設定的工作距離應愈短，而工作距離愈短，相對使景深愈短 (圖 6.15)。因此工作距離的選定，需視欲觀察樣品的特性而定，若樣品有極為明顯的凹凸表面，應選擇較長的工作距離以提高景深；若樣品表面平坦而有極細微的構造，則選擇較短的工作距離以提高解像力。

圖6.14　在不同的加速電壓下 IC 板之表面立體構造。(A)在較低的加速電壓 (5
　　　　KV)時，物體表面可見較多之細節，(B)當電壓加大時 (10 KV)，相對
　　　　損失了表面訊息，(C)加速電壓繼續增加 (25 KV)可有較高之解像力，
　　　　影像之邊緣輪廓清楚但表面細節喪失。

2.物鏡可變孔徑的選擇與校正

掃描式電子顯微鏡之物鏡指最接近標本的透鏡，此物鏡有一可變孔徑，其位置是否正確，可直接影響影像品質，應精確校正。校正時按下可變孔徑校正鈕，則可見影像來回晃動，調整孔徑 X 軸與 Y 軸位置至影像不再晃動時，即表示孔徑位置已在正中央。可變孔徑上有數個大小不同的小孔洞，選用越小的孔徑可有較長的景深 (圖 6.15)，但螢光幕上出現的干擾也越多，調整或對焦時較為困難。

3.聚光鏡電流 (Condenser Current) 之強度

聚光鏡之作用在將電子聚成一電子探束，而探束直徑之大小 (spot size) 決定於透鏡之電流強度，電流越強聚集電子束之能力愈大，探束直徑則愈小，而探束之大小為解像力高低之決定因素。因此，欲觀察的倍數越大，則選用的探束直徑應越小 (即透鏡電流越強)，解像力方可越高 (圖 6.16)。

4.對焦與像散之校正

像散的形成原因為透鏡所產生的磁場不對稱，致使電子束在 X 軸與 Y 軸上無法聚集在同一焦點上，因而造成影像扭曲變形，必須以像散校正器校正。通常在較高的倍率下找到影像後，依次校正 X 軸與 Y 軸之磁場，並與焦距配合作數次校正，直至影像完全清晰為止(圖 6.17)。通常在高倍率下校正後，再選用低倍率觀察時無需再行校正，但若改變工作距離、物鏡孔徑以及電子探束直徑時均須重新校正。

㈤照相

經過上述之調整與校正後，便可將所要的影像記錄下來，照相前應先以慢速掃描檢示影像，確定焦距正確，並調整適當之對比與亮度，方可照相。

除了上述之調整校正外，對於一些特殊樣品必須傾斜某一角度來觀察時，常會造成影像在傾斜面上無法同時清楚(景深不足)，此時可利用動態變焦來改善。動態變焦的原理是在電子束掃描標本的過程中逐漸改變電磁透鏡之電流強度，使電子束聚集的焦點正好落在標本上，改變的程度可依傾斜的角度而設定，如此便可使整個傾斜面呈現同樣清晰的畫面 (圖 6.18)。

圖6.15 工作距離的長短、物鏡孔徑的大小與景深之關係。在相同放大倍率下工作距離越短 (A, 10 mm)，標本上清楚的範圍越窄，若將工作距離變長 (B, 35 mm)，則可有較長的景深。而在相同的工作距離下 (35 mm)，選用較小的物鏡孔徑 (C, 100 μm) 又比選用較大的物鏡孔徑 (B, 400 μm) 時有更長的景深。

圖6.16 聚光鏡電流強度不同 (即探束直徑大小) 對解像力之影響。在相同的
　　　　放大倍率下電流越強或探束直徑越小(A)較電流越弱或探束直徑越大
　　　　(B)有較高的解像力。

　　近年來由於不斷地發展與改進，掃描式電子顯微鏡的解像力已被提昇至 10Å
左右，再配合樣品處理技術的革新，細胞內胞器的立體構造已能在顯微鏡下清楚
的呈現，對生物科學的研究發展可說是一項重大突破。

參考文獻

1. Aldrich, H. C. and W. J. Todd (1986), Ultrastructure techniques for
   microorganisms. Plenum Press, New York.
2. Catto, C. J. D. and K. C. A. Smith (1973), Resolution limits in the surface
   scanning electron microscope. J. Microscopy, 98：417.
3. Cohen, A. L. (1977), A critical look at critical point drying-theory, prac-
   tice and artifacts, Proc. Tenth. Ann. SEM Symp. I. 525, Chicago.
4. Echlin, P. (1978 b), Low temperature scanning electron microscopy : a
   review. J. Microscopy, 112：47.

圖6.17　當透鏡垂直的兩軸面磁場強度不同時，影像常隨著焦距的改變而被
　　　　拉折成線狀(A, B)，以像散校正器校正透鏡磁場可使影像不再變形
　　　　(C)，再配合焦距的調整則可得到清晰的影像(D)。

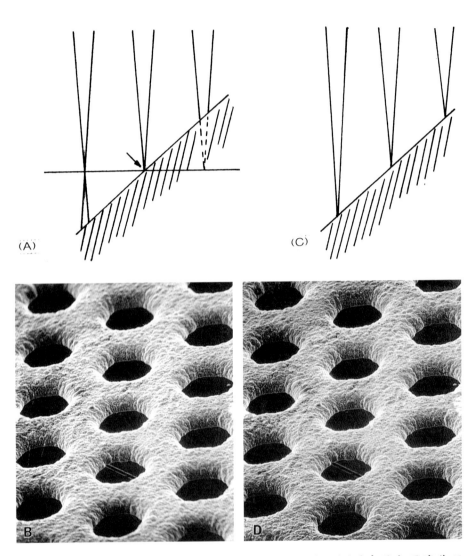

圖6.18 對於傾斜角度很大之樣品，在一般對焦方式下(A)僅有局部區域焦距
正確(箭頭)，影像之景深較短，中央清楚兩端模糊(B)。若使用動態變
焦，則隨著電子束掃描時焦距會跟著改變(C)，如此可使樣品在整個傾
斜面上同樣清晰 (D)。

5. Everhart, T. E. and T. C. Hayes (1972), The scanning electron microscope. Sci. Am., 226 : 55.

6. Gokdstein, J. I., D. E. Newbury, P. Echlin, D. C. Joy, C. Fiori and E. Lifshin (1981), Scanning electron microscopy and X-ray microanalysis, Plenum Press, New York.

7. Lin, P. S. D. and M. K. Lamrik (1975), High resolution scanning electron microscopy at the sub-cellular Level. J. Microscopy, 103 : 249.

8. Smith, P. R. (1980), Freeze-drying specimens for electron microscopy. J. Ultrastruct. Res., 72 : 380.

9. Sweney, L. R. and B. L. Shapiro (1977), Rapid Preparation of uncoated biological specimens for scanning electron microscopy. Stain Tech., 52 : 221.

10. Turner, R. H. and C. D. Green (1973), Preparation of biological material for scanning electron microscopy by critical point drying from water miscible solvents. J. Microscopy, 97 : 357.

11. Watt, I. M. (1985), The principles and practice of electron microscopy, Cambridge University, Australia.

12. Wischnitzer, S. (1989), Introduction to electron microscopy, 3rd ed., Pergamon Press, New York.

第七章
細胞化學法

李家維

清華大學生命科學研究所教授

一、前言 ··· *135*

二、染核酸的方法 ·································· *136*

三、染蛋白質的方法 ······························ *138*

四、染多醣類的方法 ······························ *140*

• 參考文獻 ·· *142*

一、前言

　　生物組織因為含水量高，在光學顯微鏡下對於光的穿透沒有多大影響，所以大多數細胞及其內容物在未經染色的情形下，並不容易界定。19世紀紡織工業帶動了有機染劑的發展，也推動了細胞染色的技術。常用的染劑多能選擇性的附在特定的細胞構造上，例如蘇木色素 (hematoxylin) 對帶負電荷強的分子有親和力，因之能標示出細胞內 DNA 與 RNA 的分佈，但是吾人對多數染劑的化學作用基礎是不知其所以然的。在電子顯微鏡的層次中也是類似情形，切片中細胞的各種有機物成份與包埋劑對電子的散射量差別都不大，在螢光板上造成的對比也就小，所以染色是不可或缺的步驟，只是染劑是以重金屬為主，因其電子密度高，能強化對比。染色的目的有三：一是僅為了加強對比來辨認細胞的微細構造，如此就不需要考慮專一性，常用的檸檬酸鉛與醋酸鈾醯就夠了；二是選擇性的染出細胞基本成份，如蛋白質、多醣類與核酸；三是依胞器的特性而行選擇性的染色，提供形態特徵之外的另一辨認基礎。本書第三章超薄切片技術已詳細介紹了第一項目中的檸檬酸鉛與醋酸鈾醯的染色步驟，本章的內容則包含了第二項。

　　細胞化學法的專一性並不如一般想像的那麼好，許多方法的理論基礎人們尚不能明白，這些方法先天上有一些限制，而在固定、脫水及包埋等過程都可能引入許多變數，方法上些微的變化即可能帶來很不一樣的結果，因此在論文中描述步驟時務必清楚，別人才能確實的重覆是項實驗。在靈敏程度上，電子顯微鏡層次的細胞化學法有時還比不上螢光顯微鏡術，因之對負結果的解釋也不宜太過肯定。另外還是考慮到位移的因素，水溶性小分子常在固定後、細胞化學染色前即已移位，或者染色後的產物也可能移位，出現這些情況時，對結果的解釋必得小心。通用的染劑如醋酸鈾醯也可能干擾細胞化學法的結果，因可能萃取出硫化金屬的反應產物，所以最好在細胞化學染色後及鈾、鉛染色前，先作初步觀察。

二、染核酸的方法

1.三氯化銦法 (Indium Trichloride)

　　這個方法可以廣泛性的染出 DNA 及 RNA 區，首由 Watson 和 Aldridge (1961, 1964) 提出，Coleman 和 Moses (1964) 再修改了配方。原理是將銦結合到核酸的磷酸根上，其他可能與之作用的都先以乙醯化 (acetylation) 及氫硼化物還原反應 (borohydride reduction) 抑制，而那些非專一性 (non-specific) 的磷脂 (phospholipids) 也先以丙酮 (acetone) 萃取出來。這方法的專一性可由先以 DNAase 處理的樣品為對照組來證實，大致說來尚可接受，但是角質透明蛋白顆粒 (Keratohyalin granules)、巨大細胞顆粒（mast cell granules）及哺乳動物精子鞭毛的尾部也曾被非專一性的染出。

(1)樣品以戊二醛 (glutaraldehyde) ── 勿使用 OsO_4 ── 固定；在 0～5℃ 下以丙酮序列脫水。

(2)當樣品在無水丙酮中時，再以吡啶 (pyridine) 逐漸置換，約於 15 分鐘左右置換完畢。

(3)在 0～5℃ 下，以吡啶 (pyridine) 沖洗三次，每次 10 分鐘。

(4)在 0～5℃ 下置於含飽和氫硼化鋰 (lithium borohydride) 的吡啶內還原 2 小時，此溶液應為新鮮配製。再以吡啶沖洗三次，每次 10 分鐘。

(5)在室溫下，置於吡啶－乙酸酐 (pyridine-acetic anhydride) 溶液──6：4 的體積比，後者含新鮮配製的飽和醋酸鈉 (sodium acetate) ── 內過夜，再於室溫下以無水丙酮 (absolute acetone) 沖洗三次，每次 10 分鐘。

(6)在 0～5℃ 下，以三氯化銦 (indium trichloride) 染色 (1 mL 的丙酮內溶入 25 mg 的無水三氯化銦) 二小時。

(7)在室溫下以無水丙酮沖洗兩次，各 15 分鐘。

(8)包埋。

2.鎢酸鈉法 (Sodium Tungstate)

　　這也是廣泛性的染出 DNA 及 RNA 的方法，但作用的基礎不明，也有一些非專一性的結果。

(1)以戊二醛固定，勿使用 OsO_4。

(2)以酒精 (ethanol) 序列脫水，及以環氧樹脂 (epoxy resin) 包埋。

(3)切片以 10%鎢酸鈉 (sodium tungstate) 水溶液 (pH 5.5) 染色 1 小時，以蒸餾水沖洗。

3.醋酸鈾醯法 (Uranyl Acetate)

醋酸鉛在極低濃度 (0.01 mM) 之水溶液時可以染出 DNA 及 RNA，濃度高時 (高於 10 mM)，則廣泛性的染上各細胞成份了。

(1)以戊二醛固定，也可以再加用 OsO_4 進行後固定，但銥得在切片染色前除去。

(2)以酒精序列脫水，及以環氧樹脂 (epoxy resin) 包埋。

(3)切片以 0.01 mM 之醋酸鉛水溶液 (pH 3.5) 染色 2～3 小時，以蒸餾水沖洗。

4.福爾根―席夫―三甲基鉈法 (Feulgen-Schiff-Thallium Methylate)

這方法能專一性地對 DNA 染色，其原理可能是先水解 DNA 產生羥基 (hydroxyl groups) 後，再與鉈的乙醇鹽 (thallium ethylate) 作用形成不溶的鉈醇塩 (thallium alcoholates)，其他分子的羥基則在包埋前先以乙醯化抑制之。鉈醇塩的電子密度高，很容易辨認，但是鉈化合物毒性極高，應避免觸及皮膚。

(1)以 4% 甲醛 (formaldehyde) 溶液 0.1 M 混有蔗糖的磷酸緩衝液 (phosphate buffer with sucrose) 固定，再以同一磷酸緩衝液沖洗。

(2)以丙酮序列脫水，再以吡啶置換及行乙醯化，步驟與三氯化銦 (indium trichloride) 法之 (2)、(3)、(5) 同。

(3)以環氧樹脂包埋。

(4)切片置於金質的試樣網上，室溫下以 5N 的 HCl 處理 20 分鐘至 1 小時，再以蒸餾水清洗。

(5)在室溫下於可密閉之玻璃容器內，以副品紅鹼 (pararosaniline) 溶液處理 30 分鐘，再以蒸餾水清洗。此溶液之配製法如下：

　a.在 100 mL 之蒸餾水內加入 0.75 g 的鹽酸副薔薇苯胺 (pararosaniline hydrochloride) 及 0.75 g 的焦亞硫酸鉀 (patassium metabisulphite)，待完全溶解後加入 1.5 mL 之濃 HCl，置約 4～6 小時以脫色。

　b.加入 0.25 g 的活性碳振盪之，以徹底脫色。

c.以 1.2 μm 孔徑之 Millipore 濾紙過濾。

d.此溶液若封緊，可在 4°C 下保存 6 個月。

(6)在室溫下於可密閉之玻璃容器內，以鉈的乙醇塩 (thallium ethylate) 溶液處理 8～15 分鐘。此溶液之配製法如下：

a. 準備一個約 25 mL 容量的氣密玻璃瓶，徹底洗淨。

b. 取 2 g 的鉈金屬，切成約 1 mm³ 的小塊，置瓶內，再加滿無水酒精。

c. 蓋緊瓶子，約置放 10～20 天，或直到出現氫氧化鉈 (thallium hydroxide) 的細小沈澱物。

d. 在使用前約 24 小時取出 c.步驟的溶液 1 mL，加入 1 mL 無水酒精及 1 mL 的蒸餾水，於密封之玻璃容器內混合備用。

(7)以無水酒精快速清洗約 5 秒鐘，在 12～24 小時內觀察切片，因空氣中的水氣會與之作用而形成氫氧化鉈之污染物。

(8)未經 5N HCl 處理者可作為對照組。

三、染蛋白質的方法

以下的三個方法對染蛋白質都不是絕對的專一性，仍可能染上細胞內的其他分子，但值得嚐試，因為除了自動放射顯像術外，沒有更好的法子了。

1.丙烯醛法 (Acrolein)

這方法的原理是利用丙烯醛 ($CH_2 = CH - CHO$) 來固定樣品 (Marinozzi, 1963)，其與硫醇 (thiol)、胺 (amino)、咪唑 (imidazole) 及酚 (phenol) 等基作用而產生醛基 (aldehyde groups)，再利用硝酸銀 (silver nitrate) 來沈澱出銀顆粒。所以除了蛋白質外，磷脂與多醣類的胺基 (amino groups) 也會與之作用，當然，前者在量上佔了絕對優勢。

(1)在 4°C下，以 5～10% 丙烯醛溶液 (0.1M 磷酸鹽緩衝液 pH 7.0～7.3) 固定 15 ～20 分鐘。

(2)以酒精序列脫水，再包埋於環氧樹脂中。

(3)新鮮配製硝酸銀水溶液 (在 10 mL 蒸餾水中加入 30 mg 的硝酸銀，以 5% 的硼砂 (borax) 調 pH 至 7.5～9.0，再加蒸餾水至 30 mL)。

(4)在 60°C 的全黑狀態下，將切片漂浮於硝酸銀溶液上，30～60 分鐘。

(5)將切片移到試樣網上，先以 5% 的硫代硫酸鈉 (sodium thiosulfate) 洗 5 分鐘，再以蒸餾水清洗。

2.磷鎢酸 (Phosphotungstic Acid) 法

這方法的原理是利用在酸性情況下，磷鎢酸 (PTA) 會附在帶正電荷的基上 (Glick and Scott, 1970)，對蛋白質的專一性比肝醣、油脂都高。以下的步驟是依 Silverman and Glick (1969) 的方式：

(1)在 4°C，以 1%的戊二醛水溶液 (0.067 M 磷酸鉀緩衝液，7.5%蔗糖，pH 7.0～7.4) 固定 1 小時。

(2)以緩衝液沖洗後，在室溫下以 5% PTA 水溶液 —— 含 6.25% 硫酸鈉 (sodium sulfate) —— 染色 3 小時。

(3)以 2% 硫酸胺 (ammonium sulfate) 水溶液 —— 以甲酸 (formic acid) 將 pH 調至 2.0 —— 浸泡沖洗一小時，連續三次。

(4)以酒精序列 (都以甲酸將 pH 調至 2.0) 脫水，再以環氧丙烷 (propylene oxide) 置換。

(5)以環氧樹脂 (epoxy resin) 包埋。

3.六亞甲四胺銀 (Silver Methenamine) 法

這個方法只適用於含硫量高的蛋白質，原理是氫硫基 (-SH groups) 導致銀沈積，以下的步驟是依 Thompson and Colvin (1970) 以及 Jessen (1973) 所作之研究：

(1)以磷酸鹽緩衝液的戊二醛 (glutaraldehyde) 或甲醛 (formaldehyde) 固定，以酒精序列脫水，及包埋於環氧樹脂中。

(2)將切片置於金質試樣網上，在 45°C 以 0.1N HCl 處理 1 小時。

(3)新鮮配製六亞甲四胺銀 (silver methenamine) 水溶液，方法如下：

　　a.混合 25 mL 3% 的六亞甲四胺 (methenamine) 水溶液，0.5 mL 0.2M 硼酸 (boric acid)，1.0 mL 的 0.2M 硼砂及 4 mL 0.1N AgNO₃。

　　b.加入蒸餾水將總體積增至 50 mL。

　　c.調 pH 為 9.2。

(4)在 45°C，黑暗中將試樣網漂浮於密閉容器內的六亞甲四胺銀(silver methenamine) 溶液，約 1～3 小時。

⑸在室溫下，以 10% 硫代硫酸鈉 (sodium thiosulfate) 漂洗試樣網，約 1 小時
，再以蒸餾水清洗。

四、染多醣類的方法

對醣類染色最專一的方法當然是利用第八章所介紹的外源凝集素 (lectins)，
也因為專一性高，各種外源凝集素能適用的範圍也小，而本節所述的方法能廣泛
的應用於各類多醣類。基本的原理是以過碘酸 (periodic acid) 來氧化醣分子上
一對相鄰的羥基而產生醛基 (aldehyde groups)，其再與六亞甲四胺銀 (silver
methenamine) 或蛋白銀 (silver proteinate) 作用而沈積出銀粒子 (圖 7.1)，因

圖7.1　以硫半卡肼 —— 蛋白銀鹽 (Thiosemicarbazide-silver proteinate) 法染紅藻
　　　　(龍鬚菜)初生組織的細胞壁，箭頭所指即為沈積出的銀粒子，其標示出多
　　　　醣類的分佈。

爲胺及氫硫 (-SH) 基也有類似的反應，所以去除過碘酸氧化步驟的對照組就非常重要了。另外固定時不宜用丙烯醛或戊二醛 (glutaraldehyde)，因爲二者皆可能產生醛基，而 OsO₄ 會帶來酮基，也不能用。

1.硫半卡肼－蛋白銀鹽 (Thiosemicarbazide-silver Proteinate) 法

以下的方法是依 Thiery (1967) 的方式：

(1)以甲醛固定，酒精序列脫水，及包埋於環氧樹脂。

(2)在室溫下以 1% 的過碘酸水溶液 (4°C 下可保存約 1 個月) 處理切片，約 20～25 分鐘，再以蒸餾水徹底洗淨。

(3)在室溫下，以 0.2% 的硫卡肼 (thiocarbohydrazide) 水溶液 (含 20% 的醋酸 (acetic acid) 或以 1% 的硫半卡肼水溶液 (含 10% 的醋酸) 處理切片，約 30～45 分鐘。此二溶液在 4°C 下可保存數天。

(4)以含 10%、5% 及 1% 醋酸溶液依次泡洗切片，最後再以蒸餾水洗淨。

(5)配製 1% 的蛋白銀 (silver proteinate) 溶液，步驟爲在燒杯內裝蒸餾水，再輕撒入秤量好的蛋白銀 (silver proteinate)，靜置 20～30 分鐘，再輕攪使均匀。此溶液應避光，於 4°C 下可保存約一星期。

(6)在室溫下，黑暗中，以 1% 的蛋白銀溶液處理切片，約 30 分鐘；以蒸餾水徹底洗淨後，移到試樣網上。

2.過碘酸 — 鹼式鉍 (Periodic Acid-alkaline Bismuth) 法

以下的步驟是依 Ainsworth et al. (1972) 的方式：

(1)以甲醛固定，酒精序列脫水，並包埋於環氧樹脂 (epoxy resin) 內。

(2)將切片置於銅質的試樣網上 (因以後的處理皆無腐蝕性)。

(3)在室溫下，以乙醇過碘酸試劑 (buffered ethanolic periodic acid reagent) 處理切片，約 10～15 分鐘，再以蒸餾水徹底洗淨。此溶液的配製步驟爲：在 70 mL 的酒精中溶入 0.8 g 的過碘酸，再加入 10 mL 的 5 M 醋酸鈉 (sodium acetate) 及 20 mL 的蒸餾水。此溶液在室溫下及黑暗中可保存約一個月。

(4)配製鹼式鉍原液，步驟如下：在 10 mL 的 2N NaOH 中溶入 400 mg 的酒石酸鈉鉀 (potassium sodium tartrate)，再將之逐滴加入 200 mg 的鹼式硝酸鉍 (bismuth subnitrate)，過程中要連續攪拌至澄清。

⑸取 1 mL 的鹼式鉍 (alkaline bismuth) 原液，加入 50 mL 的蒸餾水配爲染液
，原液與稀釋染液皆可在 4°C 下保存至少一個月。

⑹切片在室溫下，以染液處理 30～60 分鐘後，以 0.01 N NaOH 短暫沖洗，最
後以蒸餾水洗淨。

參考文獻

1.Caro, L. G. (1969). A common source of difficulty in higher resolution radioautography. J. Cell Biol., 41 : 918-919.

2.Fakan, S. and J. Fakan (1987). Autoradiography of spread molecular complexes. In : Electron Microscopy in Molecular Biology (ed. J. Sommerville and U. Scheer), pp. 201-214. IRL Press, New York.

3.Kopriwa, B. M. (1973). A reliable, standardized method for ultrastructural electron microscopic radioautography. Histochemie, 37 : 1-17.

4.Leblond, C. P. (1943). Localization of newly administered iodine in the thyroid gland as indicated by radio-iodine. J. Anat., 77 : 149-152.

5.Rogers, A. W. (1979), Techniques of autoradiography. Elsevier, Amsterdam.

6.Salpeter, M. M., L. Bachmann, and E. E. Salpeter(1969). Resolution in electron microscope radioautography. J. Cell Biol., 41 : 1-32.

7.Salpeter, M. M., and E. E. Salpeter(1971). Resolution in electron microscope radioautography. II. Carbon 14. J. Cell Biol., 50 : 324-332.

8.Salpeter, M. M. and M. Szabo(1976). An improved Kodak emulsion for use in high resolution electron microscope autoradiography. J. Histochem. Cytochem., 24 : 1204-1206.

9.Salpeter, M. M., H.C. Fertuck, and E. E. Salpeter(1977). Resolution in electron microscope autoradiography. III. Iodine-125, the effect of heavy metal staining, and a reassessment of rictical parameters. J. Cell Biol., 72 : 161-173.

第八章
免疫電子顯微鏡術

李家維

清華大學生命科學研究所教授

一、前言 ·· **145**

二、製備膠體金 ··· **146**

　㈠原理 ··· **146**

　㈡注意事項 ··· **148**

　㈢檸檬酸 — 丹寧酸法 (Citrate-tannic Acid) ·········· **148**

　㈣檸檬酸鈉法 (Sodium Citrate) ·················· **149**

三、結合膠體金與蛋白質 ···························· **149**

　㈠稀釋與透析抗體 ································· **152**

　㈡調整膠體金的 pH 值 ·························· **152**

　㈢測定所需的抗體量 ···························· **152**

　㈣結合抗體與膠體金 ···························· **153**

四、樣品的製備與標定過程 ························· **154**

　㈠化學固定及包埋後再標定法 ················ **154**

　㈡化學固定、冷凍切片及標定後再包埋法 ···· **156**

　• 參考文獻 ·· **157**

一、前言

　　免疫電子顯微鏡術奠基於 1959 年 Singer 的工作，他利用抗體與馬脾臟的鐵蛋白 (ferritin) 之複合體來標示出細胞內特定分子的分布，這項技術逐漸成爲細胞生物學的利器之一；而在 1970 年，Faulk 及 Taylor 以膠體金　(colloidal gold) 取代鐵蛋白，就更顯示此項技術在研究細胞構造與功能之關係上潛力無窮，近年來隨著冷凍固定、冷凍置換與冷凍切片等技術的漸趨成熟，其靈敏度及精確度也大幅的提高。

　　欲在穿透電子顯微鏡下標示出細胞或組織內特定分子 (抗原) 的存在，其標誌物必得具備高度的專一性及高電子密度，而膠體金就符合此二項條件。其原理是將二次抗體　(secondary　antibody)　吸附在金粒子表面，再用來辨識初級抗體 (primary antibody) 與抗原的結合，此爲間接標定法 (圖 8.1a)；另有直接標定法，即將初級抗體直接吸附在金粒子表面來辨識抗原 (圖 8.1b)，但通常初級抗體的量不足以這麼做，所以前者比較常用。因爲金粒子的大小 (通常直徑在 3 至 30 nm 之間) 可依製備方法而精確的控制，所以便於在同一切片上進行多重標定；另外，金粒子與抗體之複合體既保留了抗體的專一辨識力，在貯藏上也相當的穩定，因此免疫膠體金是此技術的最佳選擇。

　　金粒子的表面除了可附上抗體外，也可吸附外源凝集素 (lectins) (圖 8.1c) 與 A 蛋白 (protein A) (圖 8.1d) 等蛋白質，外源凝集素是一群能辨識單醣或寡醣類的醣蛋白，其專一性極高，種類又多，應用於標示醣類分子的分布就相當廣泛 (圖 8.2)，表 8.1 所列是八種常用的外源凝集素及其所能辨識結合的醣類。而 A 蛋白是分離自金黃色葡萄球菌 (*Staphylococcus aureus*) 細胞壁的蛋白質，其能與多數哺

乳動物的免疫球蛋白 (IgG) 專一性地結合，所以可取代二次抗體。因為金粒子能
產生二次電子影像及背向散射電子影像，其與抗體或外源凝集素結合之複合體也
就能應用於掃描電子顯微鏡術，來標示細胞表面上抗原或醣分子的分佈。

圖8.1　免疫膠體金辨認抗原的模式圖。

二、製備膠體金

㈠原理

　　膠體金的製備法有許多種，其基本原理是在 $HAuCl_4$ 的水溶液內加入還原
劑，還原作用使之形成無數細小的純金顆粒，金顆粒上因吸附一層 $AuCl^-$ 而帶負
電，其顆粒小又電相斥，所以能懸浮又不聚集。各種方法不同處在於還原劑的種
類及還原環境，所形成的粒子大小也可精確的控制，通常提高反應物的濃度、升
溫、攪拌快、或用強還原劑等可以得到比較小的顆粒。膠體金的顏色隨著粒子大
小而異，當其直徑為 2～5 nm 時為橘黃色，10～20 nm 時為紫紅色，而 30～60 nm
時就呈藍綠色。好的製備結果是顆粒大小一致，又沒有相聚集的現象，而檢驗的

方法唯有藉穿透電子顯微鏡直接觀察 (圖 8.3)。

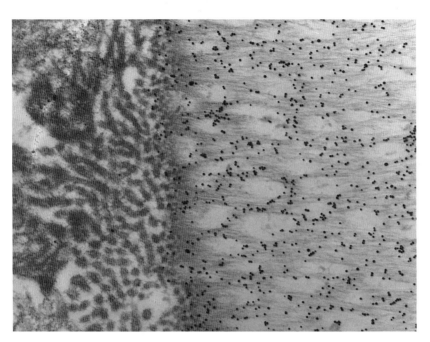

圖8.2　利用吸附有麥胚凝集素 (Wheat germ agglutinin) 的膠體金，標示出笠貝
　　　牙腔內幾丁質 (chitin) 分子 (N-acetylglucosamin 的聚合物) 的分佈。

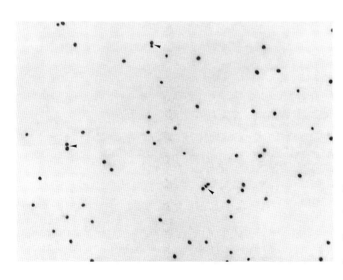

圖8.3
以檸檬酸鈉法製成直
徑 約 16 nm 的 膠 體
金粒，箭頭所指為已
聚集者，應儘可能避
免，或去除之。

表8.1　八種凝集素的來源及結合對象。

Lectin	來　源	對單醣的專一性	組織上的優先結合性
Concanavalin A	Canavalia ensiformis	α Man $>$ α-Glc $>$ α-GlcNAc $>$ α-methyl mannoside	⋯α Man⋯
Horsc gram	Dolichos biflorus	α-Gal NAc	α-D-GalNAc⋯ (terminal)
Horseshoe crab	Limulus polyphemus	Sialic acid	N-acetyl neuraminic acids & phosphoryl choline
Lentil	Lens culinaris	α-methyl Man $>$ Glc $>$ GlcNAc	⋯β-GlcNAc-α-mannosyl & α-Man-fucosyl⋯⋯
Peanut	Arachis hypogaea	Gal	β-D-Gal (1 → 3) N acetyl-D-galactosaminyl-
Potato	Solanum tuberosum	GlcNAc	(1 → 4)N acetyl-D-glucosaminyl-
Slug	Limax flavus	Sialic acid	sialic acid
Wheat germ agglutinin	Triticum vulgaris	GlcNAc	GlcNAc-GlcNAc-GlcNAc⋯

㈡注意事項

1. 所有的玻璃容器及電磁攪拌棒等用具必得徹底清潔，因爲即使很少量的污染也會干擾膠體金的形成，而影響粒子的均勻度。故可先用鉻酸 (chromic acid) 浸泡用具，再以二次蒸餾水洗淨後烘乾，並以含 5% 二甲基二氯矽烷 (dimethyl dichlorosilane) 的氯仿 (chloroform) 來矽酮化 (siliconize) 表面 (以此溶液短暫沾濕用具表面，晾乾即可)。

2. HAuCl₄ 吸濕性很強，打開密封後立即泡成 1% 的水溶液，在 4°C 暗處可長久貯存。

㈢檸檬酸－丹寧酸法 (Citrate-tannic Acid)；Slot and Geuze, 1985

1. 準備以下溶液：

　(1) 1% HAuCl₄ 水溶液。

　(2) 1% 檸檬酸三鈉 (trisodium citrate) 水溶液，在使用前新鮮配置。

　(3) 1% 丹寧酸 (tannic acid) 水溶液，在使用前新鮮配置。

　(4) 25 mM K₂CO₃ 水溶液，在室溫下約能保存一個月。

2. 在 250 mL 的燒瓶內加入 1 mL 的 1% HAuCl₄ 水溶液及 79 mL 的二次蒸餾水，此爲 A 溶液。另外，先在 50 mL 的燒杯內加入 4 mL 的 1% 檸檬酸三鈉水溶液，再加入 0.1～5 mL 的 1% 丹寧酸水溶液及等量的 25 mM K₂CO₃ 水溶液，最後以二次蒸餾水調整總體積至 20 mL，此爲 B 溶液。

3. 將 A 及 B 溶液皆加熱至 60°C，以電磁攪拌棒攪拌 A 溶液。

4. 將 B 溶液迅速倒入攪拌中的 A 溶液，燒瓶上加裝回流冷凝器 (reflux condensor)，並升溫至 100°C，加溫 30 分鐘。

5. 以此法製備之膠體金粒子直徑約爲 3.5～10 nm，依丹寧酸及 K₂CO₃ 的用量而異。

㈣檸檬酸鈉法 (Sodium Citrate)；Frens, 1973

1. 準備以下溶液
   ⑴1% HAuCl₄ 水溶液。
   ⑵1% 檸檬酸三鈉水溶液，在使用前新鮮配置。

2. 在 125 mL 的燒瓶內加入 0.5 mL 1% HAuCl₄ 水溶液及 49.5 mL 的二次蒸餾水，加熱攪拌至沸騰。

3. 再迅速加入 0.3 至 1.75 mL 的 1% 檸檬酸三鈉水溶液，繼續保持沸騰約 1～30 分鐘至溶液呈紫紅色，檸檬酸三鈉的量愈少，則所需時間愈長，若超過 10 分鐘則燒瓶上應加裝回流冷凝器。

4. 以此法製備之膠體金粒子直徑約爲 12 至 70 nm，依檸檬酸三鈉的用量而異，例如 1.75 mL 時爲 12 nm，1 mL 時爲 16 nm，0.75 mL 時爲 24 nm，而 0.3 mL 時爲 70 nm。

5. 檢視膠體金：
   將製成之膠體金滴一滴在覆有弗氏膠膜 (Formvar film) 的銅網 (copper grid) 上，再以濾紙輕觸銅網之邊緣吸走，待乾燥後即可鏡檢顆粒之形狀及大小（圖 8.3)。

三、結合膠體金與蛋白質

　　膠體金製成後，若保存於無菌瓶 4°C 時，有效期限約爲 6 個月，若與蛋白質 (如抗體、外源凝集素、A 蛋白等) 則可增添穩定性。其結合的原理仍不明白，可能是靜電力(圖 8.4)，而非共價鍵結。這個現象受到膠體金顆粒大小、離子濃度 (應儘可能的低，通常不高於 10 mM)、蛋白質濃度和蛋白質分子量等因素的影響。另一個重要的因素是膠體金的 pH 值，通常穩定的結合是發生於此蛋白質的等電點 (pI 值) 或比之略鹼性的狀況，所以先確知欲結合的蛋白質所適用的 pH 值是很必要的 (表 8.2)。分離自血清的抗體 IgG 就比較複雜一些，因為即使經過親和性管柱 (affinity column) 純化後，其仍包括一群 pI 值變化範圍很大的蛋白質，而調整為 pH 9 是公認為較合適的。至於單株抗體的 pI 值變化就小多了，應依照種類

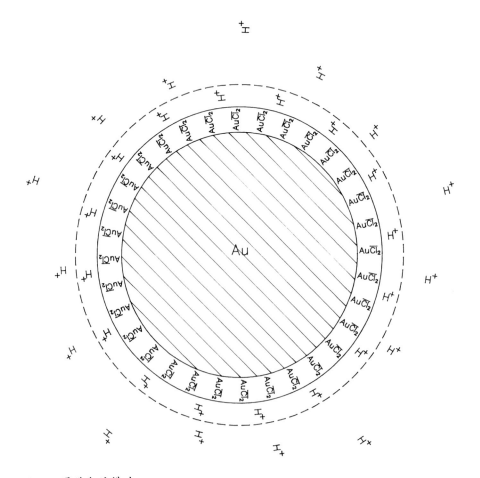

圖8.4　膠體金的構造。

表8.2　結合膠體金與蛋白質的合適 pH 值。

Proteins	pH
Immunoglobulins	
(IgG fractions, affinity-purified	
antibodies, monoclonal antibodies)	9.0 (7.6; 8.2)
F (ab′)$_2$	7.2
Protein A	5.9−6.2
Ricinus communis lectin I	8.0
Ricinus communis lectin II	8.0
Peanut lectin	6.3
Helix pomatia lectin	7.4
Soybean lectin	6.1
Lens culinaris lectin	6.9
Lotus tetragonolobus lectin	6.3
Ulex europeus lectin I	6.3
Bandeirae simplicifolia lectin	6.2
Mannan from *Candida utilis* or	
Saccharomyces cerevisia	7
Horseradish peroxidase	7.2−8.0
Ovomucoid	4.8
Ceruloplasmin	7.0
Asialofetuin	6.0−6.5
Galactosyl bovine serum albumin	6.0−6.5
Bovine serum albumin	5.2−5.5
Peptide-bovine serum albumin conjugates	4.0−4.5
Insulin-bovine serum albumin conjugates	5.3
Cholera toxin	6.9
Tetanus toxin	6.9
DNAase	6.0
RNAase	9.0−9.2
Low-density lipoprotein	5.5
α_2-macroglobulin	6.0
Avidin (unmodified, egg white)	∼10.0−10.6
Avidin (tetramethylrhodamine isothio-	
cyanate conjugated, egg white)	
Avidin (*Streptavidin*)	6.4−6.6

分別以聚丙烯醯胺等電聚焦 (polyacrylamide isoelectric focusing) 法測定。以下用血清抗體 IgG 為例，介紹其與膠體金的結合法。

(一)稀釋與透析抗體

1. 將抗體以 2 mM 硼砂 (borax) HCl，pH 值為 9 之緩衝液 (buffer) 透析。

2. 為避免凝結，抗體濃度不宜太高，而透析時間也不應過久，約以 1 mg/mL 的濃度及一夜的時間為宜。

3. 透析過後，在使用前以 100,000 g(4°C) 高速離心 1 小時。

(二)調整膠體金的 pH 值

1. 以 0.2N 的 K_2CO_3 將膠體金的 pH 值調為 9.0。

2. 測 pH 值時應用填膠組合 (gel-filled combination) 電極，其在使用時電解質的流量少，可減少甚或避免膠體金的凝結。

3. 為除去任何可能的凝結，在使用前以 250 g 在室溫下離心 20 分鐘，或以 $0.22\mu m$ 孔洞的濾紙－纖維素乙酸酯 (cellulose acetate) 或聚碳酸脂 (polycarbonate) 皆可－過濾。

(三)測定所需的抗體量

1. 將高速離心後的抗體以 2 mM 硼砂緩衝液 (borax buffer) pH9.0 稀釋至 0.20 mg/mL（若膠體金之直徑為 20 nm）或是 0.75 mg/mL (若膠體金之直徑為 5 nm)。

2. 在 10 根小試管內做成以下的稀釋系列：

　　$100\mu L$ 抗體 ＋ $0.2\mu L$ 2mM 硼砂緩衝液 pH9.0

　　$90\mu L$ 抗體 ＋ $10\mu L$ 2mM 硼砂緩衝液 pH9.0

　　$80\mu L$ 抗體 ＋ $20\mu L$ 2mM 硼砂緩衝液 pH9.0

　　$70\mu L$ 抗體 ＋ $30\mu L$ 2mM 硼砂緩衝液 pH9.0

　　$60\mu L$ 抗體 ＋ $40\mu L$ 2mM 硼砂緩衝液 pH9.0

　　$50\mu L$ 抗體 ＋ $50\mu L$ 2mM 硼砂緩衝液 pH9.0

　　$40\mu L$ 抗體 ＋ $60\mu L$ 2mM 硼砂緩衝液 pH9.0

　　$30\mu L$ 抗體 ＋ $70\mu L$ 2mM 硼砂緩衝液 pH9.0

　　20μL 抗體 ＋ 80μL 2mM 硼砂緩衝液 pH9.0

　　10μL 抗體 ＋ 90μL 2mM 硼砂緩衝液 pH9.0

3. 在各試管內加入 1.0 mL 的膠體金。

4. 振盪混勻，靜置 2 分鐘。

5. 在各試管內加入 100μL 的 10% NaCl 水溶液，振盪混勻。

6. 靜置 5 分鐘後以目視檢驗結果。抗體量不足的溶液在加入 NaCl 溶液後，膠體金即發生聚集及沈澱現象而呈藍色(圖 8.5)。在抗體量足夠的溶液內，因膠體金表面被抗體分子覆蓋，就不受 NaCl 影響，而保持紫紅色，我們該選用的抗體濃度，應是在稀釋系列中能保護膠體金的最低濃度之上一濃度，例如 60 μL 抗體＋40 μL 硼砂緩衝液及其以下者皆呈藍色，那麼我們該選用 80 μL 抗體＋20 μL 硼砂緩衝液的稀釋度。另外，也可以用 580 nm 的波長來測量各試管溶液的 O.D.，在所得曲線之轉折點的上一濃度即為所需。

圖8.5　當抗體量不夠時，加入 NaCl 溶液使得膠體金發生聚集及沈澱現象，而呈藍色。以此稀釋系列為例，最佳的抗體濃度應是右 5。

(四)結合抗體與膠體金

1. 配置 10% BSA (Sigma, type V) 水溶液，以 NaOH 調為 pH 9.0。應避免起太多泡沫，並以 0.22 μm 的濾紙過濾。

2. 在膠體金中加入適量的抗體　(依步驟(二)及(三))，快速攪拌 2 分鐘後，加入 10% BSA 水溶液，調至含 1% 的 BSA。

3. 在 4°C 離心時，時間及轉速依粒子大小而異。

   5 nm：60,000 g，60 分鐘

   10 nm：45,000 g，45 分鐘

   15 nm：12,000 g，45 分鐘

   20 nm：12,000 g，30 分鐘

4. 棄上澄液，留下原體積之 10%，混勻後再加入 10% BSA-Tris（含 20 mM Tris，1% BSA，150 mM NaCl，20 mM NaN_3，pH8.2) 至原體積，依步驟 3.重覆離心，如此反覆共三次。

5. 以 10% BSA-Tris 調整濃度，其標準是 —— 經 1：20 稀釋後之 O.D.為：

   5 及10 nm：2.5

      15 nm：3.5

      20 nm：5.0

6. 以 4°C 保存，或加入 20% 的甘油 (glycerol) 後冷凍保存。

四、樣品的製備與標定過程

㈠化學固定及包埋後再標定法

    這是傳統且使用最廣的方法，優點是樣品可長期保存、行單細胞切片及任意調整角度；缺點是抗原可能受到固定劑、脫水溶劑及包埋時的高溫所破壞，而其因封埋於樹脂內，也大大的減低與抗體相結合的機會。改善方法是利用冷凍固定與冷凍切片或冷凍固定、冷凍置換與低溫包埋，上述這些技術必須靠較多的周邊設備配合才行。

1.化學固定

    與傳統的固定法一樣利用戊二醛 (glutaraldehyde) 及四氧化鋨 (osmium tetraoxide)，其濃度與時間依樣品而異；雖然後者可能會抑制許多蛋白抗原的辨識位置，但可在切片之後以過碘酸 (periodic acid) 選擇性的去除。

2.包埋

    包埋材料分為親水性的丙烯酸樹脂類 (如 LR White 及 Lowicryl K4M) 及疏水性的環氧樹脂類 (如 Epon、Spurr、及 Araldite)，通常認為前者比較適合於

免疫包埋使用，但後者也有許多包埋成功的例子。適合性主要是依樣品而異，所以可試用幾種包埋材料之後再做選擇，也儘可能選用能低溫聚合者。

3.切片及免疫標定

(1)以鎳或金質的試樣網 (其上可覆弗氏膠膜) 撈取切片 (厚度約 60 至 90 nm)，勿用銅質的試樣網，因下一步驟中過碘酸會腐蝕銅。

(2)若在固定過程中使用四氧化鋨，可以 10% H_2O_2 處理 10 分鐘，或 1% 過碘酸處理 1 分鐘，此為蝕刻；方法是在石蠟紙上滴約 30 μL 的作用液，置試樣網於上，切片面朝下 (圖 8.6)，以下各步驟皆如此。

圖8.6　在乾淨的石蠟紙上處理試樣網上的切片，帶柄的網很便於操作。

(3)以含 1～3% BSA 的 PBS 處理約 30 至 60 分鐘，來抑制因固定及蝕刻所造成的活化-CHO，可減少抗體非專一性的結合。

(4)以抗體血清或純化之初級抗體染切片，其時間及濃度依樣品而異，稀釋液為含 1% BSA 及 0.01% NaN_3 的 PBS (pH7.2)。

(5)以含 0.05% Tween 20 的 PBS 充份洗淨，再以 1% BSA-Tris 處理 10 分鐘。

(6)以二次抗體與膠體金的結合體染切片，其時間及濃度依樣品而異，稀釋液為 1% BSA-Tris。

(7)以含 0.05% Tween 20 的 PBS 充份洗淨，再以二次蒸餾水洗淨。

(8)最後依傳統方法染上鈾及鉛。

㈡化學固定、冷凍切片及標定後再包埋法

該方法係將化學固定分為兩個部份，即先以戊二醛 (glutaraldehyde) 固定，等免疫標定後再以四氧化鋨固定，如此可避免後者對抗原的可能影響，而對冷凍切片行免疫標定又使抗原與抗體的結合了無阻擋，最後再以樹脂包埋標定後的超薄切片，如此不僅大大的提高標定效果，也確實保存微細構造。

1.戊二醛固定及冷凍切片

依傳統方法先以戊二醛固定，濃度及時間依樣品而異，固定後放入 2.3M 的蔗糖 (sucrose) 水溶液，立即以低溫凍結及切片，厚度約 60 至 90 nm，可置於銅網上。

2.免疫標定

方法同㈠之 3，但省略過碘酸的處理。

3.四氧化鋨固定及包埋

(1)以 0.5～2% 的四氧化鋨固定免疫標定後的切片，緩衝液可用如 0.1M 的二甲胂酸緩衝液 (cacodylate buffer pH7.2)，10 分鐘。

(2)以 7% 蔗糖水溶液洗淨。

(3)以 0.5% 醋酸鈾醯 (uranyl acetate) (in barbital/acetate buffer，含 5% 蔗糖，pH5.2) 染色，20 分鐘。

(4)以酒精系列脫水，經 40%、60%、80%、95% 及 100% 五種濃度，每步驟 2 分鐘。

(5)以 2% Epon 812 (用酒精稀釋) 或 LR White 包埋，銅網輕觸樹脂液後立即以濾紙吸乾 (如 Whatman no.50 hardened filter paper)。

(6)在眞空溫箱內以 60℃ 聚合 12 小時。

(7)若聚合後對比仍不佳，可再以 2% 醋酸鈾醯水溶液染 20 分鐘。

參考文獻

1. Baschong, W., J. M. Lucocq, and J. Roth(1985). Thiocyanate gold: small(2-3 nm) colloidal gold for affinity cytochemical labeling in electron microscopy.Histochemistry, 83：409-411.

2. Bendayan, M. (1980). Use of protein A-gold techniqe for the morphological study of vascular permeability. J. Histochem. Cytochem., 28：1251-1254.

3. Bendayan, M. (1984). Enzyme-gold electron microscopic cytochemistry: A new affinity approach for the ultrastructural localization of macromolecules. J. Elec. Micro. Tech., 1：349-372

4. Bendayan, M. (1984). Protein A-gold electron microscopic immunocytochemistry: Methods, applications, and limitations. J. Elec. Micr.Tech., 1：243-270.

5. DeMay, J.(1983). Colloidal gold probes in Immunocytochemistry. In： Immunocytochemistry-Practical Applications in Pathology and Biology (ed. J. M.Polak and S. Van Noorden), pp. 82-112. Wright PSG, Boston.

6. Handley, D. A. and S. Chien(1987). Colloidal gold labeling studies related to vascular and endothelial function, hemostatis and receptor-mediated processing of plasma macromolecules. Eur. J. Cell Biol., 43： 163-174.

7. Keller, G. A., K, T. Tokuyasu, A. H. Dutton, and S. J. Singer(1984). An improved procedure for immunoelectron microscopy: Ultrathin Plastic embedding of immunolabeled ultrathin frozen sections. Proc. Natl. Acad. Sci. USA, 81：5744-5747.

8. Roth, J.(1982). The preparation of protein A-gold complexes with 3nm and 15nm gold particles and their use in labelling multiple antigens on ultra-thin sections. Histochem. J., 14：791-801.

9. Roth, J.(1983). The colloidal gold marker system for light and electron microscopic cytochemistry. In: Techniques in Immunocytochemistry, Vol. 2. (ed. G. R. Bullock and P. Petrusz), pp. 217-284. Academic Press, London.

10. Wang, B.L. Scopsi, M. H. Nielsen, and L.T. Larsson (1985). Simplified purification and testing of colloidal gold probes. Histochemistry, 83：109-115.

第九章
自動放射顯像術

李家維

清華大學生命科學研究所教授

一、前言 ……………………………………………………………… *161*

二、成像原理與放射性源、感光乳劑之選擇 ……………………… *163*

三、製備樣品 ……………………………………………………… *165*

四、暗房設備 ……………………………………………………… *165*

五、覆蓋感光乳劑 ………………………………………………… *166*

六、顯影及定影 …………………………………………………… *167*

一、前言

　　放射顯像術 (radiography) 是指藉非可見光之輻射線造成的影像，與通常的照相術相同，它需要有光源、被攝體與感光劑；而在自動放射顯像術 (autoradiography) 中，被攝體本身即是輻射源。這是項古老的技術，可追溯自放射線的發現，在 1867 年 Niepce de St.Victor 即發現鈾鹽可使氯化銀乳劑感光。在生物學的應用則始自 1943 年，Leblond 以放射性碘證實其在胸腺切片中的分布，此後，這技術就多方面發展，廣泛被利用了。其吸引人之處在於結合放射性與感光乳劑，乳劑中的每顆鹵化銀結晶皆爲獨立的偵測器，能明確的記錄放射性粒子的軌跡，而藉以了解其與生物結構之間的關係。這與蓋氏計數器 (Geiger counter) 或閃爍計數器 (scintillation counter) 大不相同，後二者雖能精確的量出系統內的放射性劑量，卻無以分辨其在空間內的分布。

　　自動放射顯像術依放大程度的需求可分爲目視、光學顯微鏡與電子顯微鏡等三個層次。目視層次方法較容易，是直接以 X 光底片感光，廣泛的應用於生物個體切片、薄層層析及電泳膠片上，解析度的要求不高，可以利用多種放射性源，也易於定量。在光學與電子顯微鏡層次就困難多了，尤其是後者，不論放射性源的選擇、樣品與感光乳劑的製備等，皆有許多變數，曝光時間也可能長達幾個月，也因此許多人在面對此需求時常裹足不前；實驗規劃、暗房設備與耐心，是實驗得以成功的三要素。本章的重點在介紹電子顯微鏡層次的自動放射顯像術；圖 9.1 顯示了細胞微細構造、放射性源與感光乳劑的模式關係，由此圖可以理解爲了達到最好的解析效果，樣品要愈薄愈好，感光層也應只有單層結晶粒子，但是對生物樣品而言，超薄切片容不下太多的放射性源，而單層結晶粒子的感光效率也不好，所以這些就成了此層次的先天限制。

組織經放射性標誌後，固定、包埋及切片

內質網腔   內質網膜

細胞質   細胞切片

試樣網上的支持膜

含 ³H 標誌之胺基酸
的分泌性蛋白質

切片上覆蓋感光乳劑

e⁻

e⁻

感光乳劑

明膠

溴化銀結晶

e⁻   e⁻

曝光數星期後顯影

銀粒子標示出含放射性源
蛋白質分子之位置

圖 9.1   電子顯微鏡層次的自動放射顯像術之模式圖。

二、成像原理與放射性源、感光乳劑之選擇

　　感光乳劑的成份是明膠 (gelatin) 及溴化銀結晶粒子，結晶中的溴與銀離子排列成規則的晶格，但其中也不可避免的有缺陷存在。當光子進入結晶時，其能量很可能轉移給晶格中的電子，這個獲能的電子即離開原來的軌道，而在結晶中游走，最後停在缺陷處；當地的銀離子因之還原為銀原子而析出晶格外，同時也有個溴離子氧化為溴原子，離開結晶進入明膠內。結晶內銀原子的形成量正比於當初進入的能量大小，而銀原子也就是將來顯影後成像的基礎。

　　常用的放射性核種，除 ^{125}I 外，皆釋放出 β 粒子 (其半衰期及粒子能量詳見表9.1)。當 β 粒子穿過溴化銀結晶粒子，其能量漸次釋出，在結晶內沿途於缺陷處析

表 9.1　常用的放射性核種之物理特性。

核種	半衰期	放射之粒子	粒子能量(KeV)
^{14}C	5730 年	β	156
^{125}I	60.0 天	β	3.6(80%)
^{32}P	14.3 天	β	1709
^{22}Na	2.6 年	陽電子	546
^{35}S	87.4 天	β	167
^{3}H	12.35 年	β	18.6

出銀原子而形成軌跡。對於固定能量的粒子，若結晶粒子愈大，銀沈積的機會愈大，形成的軌跡也就愈長；另一方面，能量較小的 β 粒子，其速度慢，在結晶內能量的損耗大，析出的銀原子也多。而相反的，對結晶粒子小或能量高的 β 粒子，在個別結晶內留下軌跡的機會也小。因此就能理解在電子顯微鏡層次的自動放射顯像術中 ^{3}H 及 ^{125}I 是最佳選擇，而 ^{14}C、^{32}P、^{22}Na 及 ^{3}S 的解像力都不理想。解像力是定義於一放射性源周遭的銀粒子分布情形，通常以 HD (half-distance) 來代表，其意指放射性源周遭涵蓋半數銀粒子的距離。表 9.2 列出在不同情況下的 HD 值，可以很明顯的看出 ^{3}H 與 ^{14}C 的區別，另外 HD 值也與選用的感光乳劑種

表 9.2　常見的自動放射顯像情況下之 HD 值。

核種	感光乳劑	切片厚度(nm)	顯影劑	HD(nm)
³H	L4	120	Microdol-X	165
		150	Microdol-X	145
	129-01	120	Dektol	100
		50	Dektol	80
¹⁴C	L4	100	Microdol-X	230
	129-01	100	Dektol	200

類有關。表 9.3 列出在自動放射顯像術中常用的感光乳劑名稱及其結晶粒子之直徑與敏感度之等級，其中適用於電子顯微鏡層次的是 Ilford 的 L4 及 Eastman-Kodak 的 129-01，原則是結晶粒子愈小，解像力愈高。感光乳劑應貯存於 0～5℃，遠離任何放射性源，通常可以保存幾個月。

表 9.3　自動放射顯像術中常用的感光乳劑。

廠牌	結晶直徑 (μm)	敏感度					
		0	1	2	3	4	5
Ilford	0.27						G5
Ilford	0.20	K0	K1	K2			K5
Ilford	0.14					L4	
Eastman-Kodak	0.34						NTB-5
Eastman-Kodak	0.29			NTB			
Eastman-Kodak	0.26				NTB-2		
Eastman-Kodak	0.06			129-01			
Kodak(U.K.)	0.20			AR-10			

三、製備樣品

該放進多少放射性劑量一直是個難題，因為各種放射性源進入細胞的速度與在細胞內的分布皆是變數。為了縮短曝光時間，應盡可能的增加放射性標誌量，然而也應考慮高劑量對細胞活性的傷害。除了參考有關文獻之外，在實驗時也要先試用幾種劑量，再視初步結果來調整，如果需要的曝光時間超過半年，就可能有嚴重的背景與影像不清等問題。

樣品切片的厚度愈薄，則自動放射顯像的解像力愈好，但是將伴隨著放射活性及細胞結構影像對比的降低，通常的建議是 100 nm 的厚度，即稍厚於正常的超薄切片 (60～90 nm)。

樣品切片的染色可在覆蓋感光乳劑之前或在乳劑顯、定影之後。若是在前，則染完檸檬酸鉛 (lead citrate) 與醋酸鈾醯 (uranyl acetate) 後，要再蒸鍍上一薄層碳 (4～8 nm 厚)，以避免樣品因與乳劑或顯、定影藥品發生化學反應而造成假像。若是在顯、定影之後才染色，就不該先蒸鍍碳膜，因為會干擾染色；這方法的好處是省事及影像對比比較好，但也有銀粒子位移或散失的顧慮。

四、暗房設備

進行這方面的工作，需要在暗房裏待上很長的一段時間，而使用的感光乳劑又很敏感，所以有間舒適又實用的暗房是很必要的。茲列出以下六項條件：

1. 暗房大小應以能容納各一個冰箱和水槽、約 3 m² 的工作檯，再加上二人走動的空間為宜。
2. 暗房內應可完全隔光，設個雙重門不僅更安全，且能方便進出。
3. 控制溫度在 25℃，相對濕度在 70～80％。
4. 頂燈離工作檯面 1.2 m 以上，燈泡為 15W，使用 Kodak No.2 或 Ilford "S" Safe light 的濾光片。另外在檯面上離感光乳劑覆蓋區 20～30 cm 處裝個有同樣濾光片的 5W 小燈。
5. 任何電器，如水浴器及攪拌器，其指示燈都可能對感光乳劑造成影響，故應加以遮黑，即使計時器或錶面的螢光也要避免。

6. 每個玻璃容器要有固定用途，切忌混淆。使用後儘快泡水，用中性清潔劑處理，再以自來水及蒸餾水沖洗。

五、覆蓋感光乳劑

在樣品切片上覆蓋只有單層溴化銀粒子的感光乳劑有多種方法，其中以圈環法 (loop technique) 及浸入法 (dipping technique) 最為普遍，選擇時的考慮，主要視喜好先將樣品切片直接放試樣網上再覆感光膜，或先置於載玻片上待覆膜、曝光、顯影後再移上試樣網。通常浸入法比較容易得到均勻的單層膜，但是待顯影後要將它與切片由載玻片上剝離，倒常有變數。當然若觀察的對象是分離與純化的大分子，就必得先放在試樣網上，用圈環法了。以下介紹圈環法的詳細步驟，感光乳劑是以 Ilford L4 為例。

1. 在前一天下午，以下述方法稀釋感光乳劑：
   (1)準備一個容量約 50 mL 的廣口瓶，若有個 Ilford L4 的舊瓶就更合適了。在瓶壁上距底部 3 及 4 cm 處各貼一張辨識用的膠帶。
   (2)瓶內加入新鮮的蒸餾水至 3 cm 處，在工作檯上的小安全燈照明下以玻璃棒或勺子緩緩將 Ilford L4 加入瓶內至 4 cm 處。
   (3)將瓶子置水浴器內，在 40°C 下，約 1 小時，其間以玻璃棒攪拌 4 或 5 次。切勿直接加熱瓶子，因為瓶壁過熱時會直接使溴化銀結晶還原。
   (4)將已稀釋均勻的乳劑瓶置入嚴密不透光的黑盒，放冰箱 4°C 內過夜，如此可安定乳劑內的明膠。

2. 工作當天的程序如下：
   (1)準備好可完全不透光的深黑色載玻片盒 (例如 Clay-Adams 的產品)，一頭有磨砂邊的載玻片、雙面膠帶、黑膠帶、乾燥劑、帶柄的白金套環 (以 0.3 mm 直徑的白金絲繞成，套環約 3 cm 長、1 cm 寬)，以及一個長方形的壓克力底座，其上插穩數根長 2.5 cm，直徑 4 mm 的實心玻璃棒。
   (2)在頂燈照明下將試樣網依次排列在玻璃短棒上，切片面朝上。另外將載玻片洗淨及以酒精擦拭後，在一長邊貼上一條雙面膠帶備用。

⑶關頂燈，在檯面安全燈照明下，取出冰箱內已稀釋的 Ilford L4，以水浴 (40℃)
加熱 1 小時，並不時攪拌，再移出水浴使之冷卻至室溫。

⑷將白金套環浸入感光乳劑，取出後以 10°～20° 之角度手持靜置數秒鐘，待開
始有凝膠現象時，改以垂直角度拿著直至完全凝結，判斷法是薄膜在反射光
下呈金屬光澤或在穿透光下呈暗黑色，有此特徵的區域即是由單層溴化銀結
晶粒子組成。水平持著套環，快速地將合適的感光薄膜區套在玻璃棒的試樣
網上，再以口輕哈氣以助其牢固地覆著。如此一次處理一個試樣網，反覆行
之即可，但要時時輕攪乳劑，並控制其溫度。若是發現套環上的乳劑流動過
快，或薄膜破得太快，表示乳劑溫度過高，若是形成的單層膜區太慢或太小，
表示乳劑的溫度過低。因此除了加溫水浴外，另準備個冰水盒也有好處，可
以方便的調整乳劑溫度。

⑸待所有試樣網處理完畢後，將之依序浮貼在載玻片的膠帶邊緣，以鉛筆在磨
砂區紀錄，再移入載玻片盒內，盒內另放入一包乾燥劑，蓋合後再以黑色膠
帶封緊，置入 4℃ 的冰箱內。若所需的曝光時間長，則每兩個月在暗房內換
一包乾燥劑。

六、顯影及定影

在電子顯微鏡層次的顯影劑有兩種主要的選擇，即以 Kodak D-19 顯影或以
Elon 維生素 C (Elon ascorbic acid) 配合 gold latensification 顯影，這兩個方
法的主要區別點是前者產生比較大又不規則的銀顆粒沈積，後者產生的銀顆粒小
又圓，雖然後者的解像力比較好，但顯像過程稍嫌麻煩。茲分別介紹此二方法的
詳細步驟於下。顯影前 1～2 小時先將載玻片盒由冰箱內取出回溫。

1.以 D-19 顯影
⑴新鮮配置 D-19 顯影液，不作任何稀釋，溫度控制為 20℃。
⑵在工作檯安全燈下將載玻片放入 D-19 內 2 分鐘，其間緩緩攪動 3～4 次。

2.以 Elon Ascorbic Acid 配合 Gold Latensification 顯影
⑴配 Gold Latensification Bath

   (a)配 2% $HAuCl_4$的水溶液 (4℃ 下可保存 3～4 星期)

   (b)在 200 mL 的蒸餾水內加入 2 mL 2% $HAuCl_4$的水溶液，調整 pH 值為 7.0。

   (c)先加入 500 mg 的 KSCN，再加入 600 mg 的 KBr，最後加入蒸餾水 (先煮沸
     10 分鐘，再回冷備用)，使總體積至 1L。此溶液應在配好後 1～2 小時內使用。

(2)配 Elon 維生素 C (Elon Ascorbic Acid) 顯像液

   在先煮沸且回冷的蒸餾水 500 mL 內，邊攪拌邊依次徐徐加入 450 mg 的 Elon
   (metol：p-methylaminophenol sulfate)，3 g 的維生素 C (ascorbic acid)，
   5 g 的四硼酸鈉 (sodium tetraborate)，及 1 g 的 KBr (這一項在顯影前 1 小時
   再加入)，最後再加蒸餾水使總體積至 1L。

(3)顯影過程

   (a)在工作檯安全燈下，將載玻片置入 latensification bath 5 分鐘，其間緩緩攪
     動 8～10 次。

   (b)移入蒸餾水內輕洗 10～20 秒。

   (c)移入 Elon 維生素 C 顯像液內 7.5 分鐘，其間緩緩攪動 8～10 次。

     顯影後，將載玻片移入定影液 (含 15%的硫代硫酸鈉 sodium thiosulphate、
     10%的亞硫酸鈉 sodium sulphite 及 2%的焦亞硫酸鈉 sodium metabisul-
     phite) 內 2 分鐘，再以蒸餾水慢洗約 20 分鐘。最後將載玻片置於溫箱(37℃)
     內，待乾後，即可取下試樣網在電子顯微鏡下觀察。

第十章
生物試樣冷凍製片技術

楊瑞森

食品工業發展研究所研究員

一、前言 ⋯⋯⋯⋯⋯⋯⋯⋯⋯⋯⋯⋯⋯⋯⋯⋯⋯ *171*

二、一般原理 ⋯⋯⋯⋯⋯⋯⋯⋯⋯⋯⋯⋯⋯⋯ *172*

三、冷凍置換法 ⋯⋯⋯⋯⋯⋯⋯⋯⋯⋯⋯⋯⋯ *174*

四、冷凍乾燥法 ⋯⋯⋯⋯⋯⋯⋯⋯⋯⋯⋯⋯⋯ *181*

五、冷凍切片 ⋯⋯⋯⋯⋯⋯⋯⋯⋯⋯⋯⋯⋯⋯ *182*

‧參考文獻 ⋯⋯⋯⋯⋯⋯⋯⋯⋯⋯⋯⋯⋯⋯⋯ *185*

一、前言

　　化學固定為一般傳統光學及電子顯微鏡生物試樣製作方法，在 1970 年代以前，學術界對化學固定已有相當多的研究及討論[7]。因為化學固定處理生物試樣時須用不同的固定劑滲透到組織細胞內，其滲透速率各有不同，且因為在固定滲透過程中發生局部蛋白質或大分子的脫水、pH 值改變、沉澱及其他反應作用，使生物試樣的微細構造經化學固定後會產生許多的變化[15]，由此變化而形成的偽像 (artifacts) 往往使我們難以解釋所觀察到的結果。因而，尋求其他的製備試樣方法乃是研究工作者共同努力的目標。

　　快速冷凍是一種很特殊的技術，與化學固定截然不同，然而冷凍技術最大的問題是冰晶的形成，依生物試樣的不同而冰晶形態亦有所異；冰晶造成細胞傷害的程度也不一，一般組織細胞在冷凍過程中形成冰晶是平常的現象，僅有小部份 (如細菌) 試樣因細胞體積小又各自分離而在冷凍過程中形成極少量的 (甚至沒有) 冰晶，因此在冷凍過程中如何抑制冰晶在細胞內形成乃是本項技術的一個課題。

　　抑制水份在冷凍過程中形成冰晶的方法很多，如將生物試樣作部份脫水或加抗凍劑，然而如何能很仔細地觀測這些方法對活細胞的效應則又是另一個難題。快速冷凍已經過漫長的研究，但一些常用抗凍劑如二甲亞碸 (dimethyl sulfoxide, DMSO)，乙二醇 (ethylene glycol) 及二甲基甲醯胺 (dimethylformamide) 對活細胞的真正影響尚難直接觀察了解，畢竟難以否認的事實是 ── 我們只是在電子顯微鏡下觀察已死的細胞切片。

　　冷凍技術是一項複雜的工作，假如沒有一定的標準操作程序，這個技術所得

的結果就難以解釋，而此技術也就難以獲得應用。然而，這也是冷凍技術的最大
優點，冷凍過程中每一操作程序的結果解釋正是此技術整體的完成。

二、一般原理

　　冷凍細胞或組織的研究工作可大略分兩大類：(1)慢速冷凍以保存細胞活性；
(2)快速冷凍以保存細胞超微細構造。本章節主要討論如何以冷凍法保存良好的微
細構造。

　　冷凍過程中要保存細胞良好的微細構造必須要設法避免冰晶形成以保持水的
透明化　(vitrification)，依理論要使純水不結冰而保持透明化必須要以每秒
10^{10} °C 快速降溫，而生物組織細胞也要以每秒 5×10^3 °C～2×10^6 °C 的速度降溫
方可免於冰晶形成。然而實際上生物組織從 0°C 到 -100°C 可能的降溫速率僅為
每秒 1000°C 而已。要保持細胞內透明化沒有冰晶，熱傳導的速率必須快於冰晶形
成時放熱的速率，假如冰晶熱的產量多於熱的喪失，則在未能進一步冷卻的情況
下即形成冰晶，這就說明了為什麼要讓試樣很快地從透明細胞的溫度降到結晶溫
度以避免冰晶形成。水的轉換 (transition) 或再結晶 (recrystalization) 溫度約
在 -130°C，而生物組織在 -100°C[9]。

　　研究細胞超微細構造時，冷凍細胞不太可能免於冰晶的傷害，要確定冷凍細
胞存活率與其形態保存程度之間的關係是件很困難的工作，因為測定細胞存活率
最好的方法就是將細胞解凍後予以觀察，然而解凍過程最易傷害細胞。

　　維持細胞在冷凍中存活要避免兩種現象的發生：細胞內形成冰晶，以及因冰
晶形成而產生離子濃度的改變 (影響細胞內滲透壓)。冰晶在冷凍過程中形成後將
在解凍過程中對細胞產生致命的物理傷害；而冷凍過程中冰晶形成會造成離子濃
度昇高到 4～5M(一般正常生理離子濃度為 10^{-6}M)，如此的高離子濃度對細胞
(包括細胞膜) 會造成傷害。因此，慢速度冷凍中細胞內易受高離子濃度傷害，急
速冷凍却又造成細胞受冰晶的破壞，如何選擇一適當的冷凍速度以避免冰晶或離
子濃度改變對細胞的傷害，是冷凍生物學中重要的一環。

　　抗凍劑一直是冷凍生物學中常被討論的物質，它並非如想像中的那麼有效，如甘油 (glycerol) 及 DMSO 在急速冷凍中沒有明顯保護細胞的功能，但在慢速冷凍中可使細胞免於受離子濃度昇高的影響；蔗糖在急速冷凍中可抑制細胞間液體的冰晶形成而保護細胞免受冰晶傷害，因此，以細胞存活率來判斷抗凍劑對微細構造的保護效用是不切實際的，例如甘油在急速冷凍中可保護細胞微細結構，而事實上資料顯示甘油在急速冷凍中嚴重傷害細胞的存活；但同時也有例外的情形，例如在急速冷凍中甘油對脾臟細胞有保護作用。這種現象說明我們很難直接利用存活率資料來解釋冷凍細胞內的水分子狀態，也就是說解凍後細胞存活並不能保證在冷凍中細胞形態的不變，至多僅能表示有抗凍劑時細胞能克服一些構造的損傷而存活，這種事實已有相當多的報導。除上述的事實說明存活率與微細構造的保護很難有直接關係外，下列現象更可進一步說明：(1)維持冷凍中細胞存活的抗凍劑濃度為 5～15％，然而保護微細構造的濃度為 20～60％；(2)每一種細胞均有特定抗凍劑濃度之最佳冷凍速率；(3)關於冷凍速率對小撮器官組織細胞存活率的影響缺乏資料，因為器官離開生物體後其細胞即無法存活太久。無論如何，冷凍過程中造成的部份脫水及抗凍劑的應用至少得到可預期的偽像 (interpretable artifacts)，如此冷凍法可用於許多細胞學上的研究。

　　在冷凍過程中避免 (或減少) 冰晶形成是冷凍技術的重要課題。減少細胞內的水份對冰晶形成有相當的抑制效果，去除水份的方法包括用短暫的風乾 (在空氣中一分鐘左右) 或用高張壓蔗糖溶液，其中高張壓蔗糖溶液會使細胞內的胞器如粒線體收縮及變形，但這種改變很容易辨認，故此種方法相當可行。其次避免冰晶形成的方法是用抗凍劑如甘油、乙二醇 (ethylene glycol)、DMSO 等。

　　冷凍生物試樣須經處理後才可用電子顯微鏡觀察，處理的方法有三種：(1)溶劑脫水；(2)真空脫水；(3)冷凍鑄模(freeze replication)。常用的脫水溶劑如酒精、丙酮或四氫呋喃 (tetrahydrofuran) 等，在－70～－80℃ 中取代約兩週，偶爾有人在溶劑內加入一些固定劑如 OsO_4、戊二醛 (glutaraldehyde) 或甲醛 (formaldehyde) 等，但在如此低溫下，這些固定劑並不能發生很顯著的效果。真空脫水較容易造成形態傷害，乾燥的試樣需經酒精或鋨蒸氣固定才能以電子顯微鏡觀察。

　　常用的驟冷液 (quenching fluid) 種類很多，如液態氮、液態氧、Freon 14、Freon 13、Freon 22、丙烷…等等，這些驟冷液在接觸到高溫生物試樣時常產生一些氣泡，這些氣泡奔騰於生物試樣周圍具有攪拌液體的作用，促使熱交換更加快速。然而，液態氮並不是很好的初步驟冷液，其他的驟冷液具有更好的導熱效果 (表 10.1)。驟冷液沸騰產生的氣泡若附著在試樣表面則形成薄膜狀態 (partial film)，這種現象使熱傳導速率下降，冷卻效果降低。

　　在眾多驟冷液中，而 Freon 13 及 Freon 14 的冷卻效果最差，而液態的丙烷及丙烯 (propylene) 冷卻效果最佳，Genetron 23 與丙烷的冷卻速率類似，而 Freon 22 比丙烷略差，Freon 12 又次於 Freon 22。丙烷及 Freon 22 的溫度 (沸點在 $-40°C$ 左右) 與室溫生物試樣溫度造成核心沸騰 (nucleate boiling) 現象，因而加速熱傳導，在這種情況下覆膜 (coating) 處理或填加反應核心 (nucleating sites) 並不能增加冷卻效果。但乙烯 (ethylene)、乙烷 (ethane) 及 Genetron 23 的沸點在 $-80 \sim -100°C$ 間，與室溫差距甚大，試樣進入這類驟冷液時，在試樣表面會產生一層薄膜沸騰狀態 (incipient film boiling)，嚴重影響初期冷卻效果，在這種情況加上覆膜或反應核心可大大增加冷卻速度，然而這種措施並不能提高液態氮的冷卻效果。不管如何，在大塊生物試樣冷凍處理時需要較大的熱傳導，此時即使以丙烷或 Freon 22 當驟冷液，加上覆膜或反應核心仍是有必要的。

三、冷凍置換法

　　冷凍置換法 (freeze substitution) 是將生物試樣快速冷凍後再以無水溶劑取代細胞內形成的冰晶，經脫水的試樣再以包埋劑包埋，切片觀察測定。冷凍置換法不但能保存相當良好的細胞微細構造，而且使細胞內元素位移或流失情形降低到最小[9]。

　　冷凍置換法操作程序中最重要的原則是簡單及快速，所謂簡單快速乃是指取樣到冷凍的動作容易而所需時間短。快速冷凍可使冰晶形成及離子流失降到最少，然而不幸的是生物組織細胞本身就是導熱不好的物質，要使其快速冷凍並不容易，一般加速冷凍生物試樣的方法有：(1)增加試樣與驟冷液溫度的差距，如用

表 10.1　各種驟冷液之物理性[7]。

液　體　名　稱	液態溫度 (°C)	−79°C時降溫 速率(°C/秒)	沸點 (°C)	熔點 (°C)
Propane	−169	5,860	−42.12	−187.1
Propylene	−171	5,180	−47.7	−185.25
Ethane	−178	4,360	−88.63	−172.0
Ethane plus DBPh and activated alumina	−174	5,230		
Ethylene	−171	4,710	−103.7	−169.5
Ethylene plus thin layer of DBPh	−171	6,530		
Isopentane	−161	2,415	27.9	−159.9
1/3 isopentane plus 2/3 propane	−170	4,330		
Isobutane	−156	2,907	−11.7	−159.7
Butene-1	−168	4,405	−6.3	−186.35
2-methyl pentane	−150	2,270	65.6	−168.5
3-methyl-1-butene	−163	2,755	20.1	−168.5
Freon 12	−150	2,940	29.79	−158.0
Freon 13	−179	1,200	−81.4	−181.0
Freon 13 plus vaseline and alumina	−178	2,015		
Freon 13-B-1	−158	3,340	−57.8	−168.0
Freon 14	−178	473	−128.0	−184.0
Freon 14 plus DBPh and resin	−175	980		
Freon 22	−150	3,976	−40.8	−160.0
Genetron 23	−155	5,410	−84.0	−160.0
Genetron 23 plus DBPh	−155	5,855		
Vinyl chloride	−155	1,860	−13.9	−159.7
Perfluoro propane	−155	3,120	−36.7	−160.0
1/2: 1/2 F13: F22	−155	3,270		
Azeotropic F-22-propane mixture	−155	4,130		

近熔點的氮泥 (nitrogen slush) 或用液態氮冷却的金屬台面；(2)添加抗凍劑如甘油或 DMSO；(3)減小試樣大小，動物組織僅在外緣向內 $10 \sim 12 \mu m$ 深處能保存完美不受冰晶破壞，植物組織可稍厚一點[4,8,9]。

　　冷凍置換法中驟冷液的選擇是首要之務，各種驟冷液的物理特性已如表 10.1 所述，一般常用者為液態氮，但高溫試樣放入液態氮時，往往在試樣外形成薄膜狀氣泡，阻礙熱的傳導，通常在將試樣放入液態氮之前，先將試樣放入 Freon 22 或丙烷內，尤其丙烷因具有良好的冷却效率 (在－79℃ 下，5860℃/每秒) 而常被用作驟冷液[2,9,18]。液態氦 (liquid helium) 及 2-甲基丁烷 (2-methylbutane, isopentane) 也偶為人們用作驟冷液[6,13]。

　　取代置換用的有機溶劑是冷凍置換法的第二個關鍵物質，這些溶劑必須要能在低溫下取代組織細胞內的水分子，而且不致於讓細胞內元素位移或流失。常用的溶劑如表 10.2 所列。選擇溶劑要考量三點：(1)置換所需時間；(2)其冰點；(3)對元素的溶解度。以丙酮為例，丙酮係一置換速率快的溶劑[5,6]，但丙酮作為置換溶劑會造成多種元素 (包括 Ca、Na、Cl、Rb、Mg 等) 的流失[6,14,18]。乙醚 (diethyl ether) 被認為是最可靠的溶劑，因為它不致於溶出元素離子，但是它置換水分子的時間要相當長[3,13]，乙醚與水相溶合的比率遠低於丙酮與水溶合的比率。

　　溶劑中加入固定劑對微細構造保存效果仍有很大的爭議。四氧化鋨 (osmium tetroxide, OsO_4) 加在溶劑內並不能達到保存微細構造或細胞內元素的功效，因為在低溫 (－80℃) 下 OsO_4 不能與細胞內物質產生作用，直到回溫至－20℃ 以上時 OsO_4 才開始作用，添加 OsO_4 在溶劑中唯一的好處僅是讓試樣易於辨認方便包埋操作而已[15,19]。其他的固定劑如戊二醛 (glutaraldehyde) 或甲醛 (formalde-hyde) 在低溫下 (低於－20℃) 亦不能產生任何良好的效果。唯一值得考慮使用的是丙烯醛 (acrolein)，丙烯醛加在乙醚內可明顯地保持良好微細構造及細胞內元素，然而丙烯醛係劇毒物質且具高揮發性，操作時要極為小心以免中毒或爆炸[3,9,18]。苯醯胺 (benzamide) 在乙醚內可明顯地保存細胞內的鈉及鈣元素，但對細胞微細構造沒有任何裨益[17,20]。苦酮酸 (picolonic acid)、2,6－二硝基酚 (2, 6-dinitrophenol)、茜素 (alizarin)、草酸 (oxalic acid)及三聚氰酸 (cyanuric acid) 在低溫下均無法產生任何效果。

　　冷凍置換設備主要以超低溫冰箱 (－80℃以下) 及可耐超低溫的保溫杯 (dewar) (如圖 10.1)，保溫杯裝液態氮，中央再以不銹鋼柱作成 1.5 公分內徑的小

表 10.2 常用於冷凍置換法的有機溶劑[11]。

溶劑名稱	試樣類別 A-動物 B-植物	試驗目的 形態觀察	微量分析	參 考 文 獻
Acetone	A	√		Malhotra and Van Harreveld (1965)
	A	√		Rebhun (1965)
	A	√		Rebhun and Sander (1971)
	B	√		Fisher (1972)
	B	√**		Fisher and Houseley (1972)
	B	√		Hereward and Northcote (1972)
	A	√		Kuhn (1972)
	B	√	√	DeFilippis and Pallaghy (1973)
	B	√	√	Pallaghy (1973)
	B	√**		Steinbiss and Schmitz (1973)
Diethyl ether	B	√**		Luttge and Weigl (1965)
	B	√	√	Läuchli et al. (1970)
	B	√	√	Läuchli et al. (1971)
	B	√	√	Spurr (1972a, b)
	B	√**		Steinbiss and Schmitz (1973)
	A&B	√	√	Mehard and Volcani (1975)
	A	√	√	Mehard and Volcani (1976)
Ethanol	A	√		Bullivant (1965)
	B	√**		Neeracher (1966)
	A	√		Van Harreveld and Steiner (1970)
	A	√		Nath (1972)
Ethylene glycol	A	√		Pease (1967a)
Propyelene glycol	A	√		Woolley (1974)
Methanol	B	√**		Fisher and Houseley (1972)
Propylene oxide	B	√**		Fisher and Houseley (1972)
n-Hexane	B	√		Neumann (1973)
	B		√	Neumann et al. (1974)
Tetrahydrofuran	A	√		Rebhun and Sander (1971)
Pure acrolein	A	√		Afzelius (1962)
	A&B	√	√	Van Zyl et al. (1976)
Methanol/acrolein mixtures	A	√		Zalokar (1966)
Acetone/acrolein mixturs	B	√**		Steinbiss and Schmitz (1973)
	B	√	√	DeFilippis and Pallaghy (1975)
	A&B	√	√	Van Zyl et al. (1976)
Glycerol/water mixtures	A	√		Fernández-Morán (1957)

**利用放射性物質試測水溶性元素之存留率

圖10.1 冷凍置換用器具。(a)保溫杯；(b)不銹鋼凹槽；(c)不銹鋼網架；(d)不銹鋼
　　　籃；(e)小銅環；(f)絕緣鑷子。

凹槽以裝丙烷或 Freon 22，此凹槽設計可調整其高度，在不銹鋼柱中央設葉片
籃，葉片籃亦可調整高度，不但可作不銹鋼的支撐亦可放置收集樣品用的小不銹
鋼籃。

　　目前儀器公司有出售冷凍置換用的儀器 (圖 10.2)，價錢不便宜，但操作上方
便許多，在經費不許可下仍可以圖 10.1 方法操作，只要操作熟練，一樣可達到理
想的效果。

冷凍置換法操作程序可略分幾個步驟：

1. 試樣勿超過 1 mm³，切取生物試樣時應以快利的新刀片，每一刀口切取 4～5 次
   後應更換另一新刀口為宜。
2. 將切取的試樣放在小濾紙或有薄膜的小銅絲圓環內以便操作。小銅絲作成內徑
   3 mm 直徑的小圓環留 2～3 cm 的柄，小圓環浸泡熱洋菜膠 (60°C, 2～3%) 或

圖10.2 冷凍固定機(a)及冷凍置換機(b)。

1% 的弗氏劑 (Farmvar) 5 秒後輕輕取出，使在環內薄膜乾燥後備用(圖 10.1e)。操作用的鑷子握手部份應以保利龍絕緣隔熱(圖 10.1f)。

3. 有小試樣的濾紙或小銅環以鑷子夾住，快速墜入有氮泥、丙烷或 Freon 22 的凹槽內(圖 10.1b)，經 30 秒。

4. 以鑷子迅速將試樣從凹槽內移到保溫瓶中放入液態氮的小不銹鋼籃內，試樣在液態氮內放置至少一小時以上。

5. 有試樣的液態氮保溫瓶放入超低溫冷凍櫃內 (－80°C 以下)，等待將試樣移入溶劑瓶內。

6. 分子篩 (molecular sieve)(4Å) 放烘箱內以 400°C 經 24 小時烘乾後，迅速分裝於 100 mL 血清瓶內蓋緊 (亦可先分裝於耐高溫的小瓶 (50～100 mL) 內再烘乾更理想)，待分子篩冷却後加入分子篩兩倍體積的溶劑 (參閱表 10.2 所列)，蓋緊瓶蓋後放入超低溫冷凍櫃內 (－80°C) 至少經兩天後備用。

7. 裝有試樣的小不銹鋼籃迅速由液態氮內移到血清瓶中溶劑內。在冷凍櫃內操作，打開冷凍櫃時間不宜太久 (1～2 分鐘內)，以免櫃內溫度上昇，並戴口罩以免因呼吸而增加櫃內水氣。

8. 每三天更換一次新溶劑，一共更換五次，更換時將有試樣的不銹鋼籃直接移入裝有新溶劑的瓶內。如溶劑爲乙醚，所需的時間較長，通常爲三週，而丙酮所需的時間較短。

9. 溶劑中的試樣以每天 10°C 的速度回復到室溫。

10.以 Spurr's resin 滲透及包埋，操作時應避免水氣，最好在有乾燥劑的操作箱內或乾燥瓶內操作。

11.切片。採用乾切，不用水或其他液體，厚度 0.5～1μm。

12.切片放於塑膠、碳、鋁或鎳網上，鍍碳後觀察。

冷凍置換法操作成功的要訣有下列幾項[10]：

1. 生物試樣應快速放入驟冷液。

2. 對保存細胞內元素而言，乙醚係最好的置換溶劑，丙酮次之。若加入 20%的丙烯醛在乙醚內可使微細構造保存較高的完整性。

3. 所有操作過程應在無水狀態下進行。

4. 置換後的試樣可用低黏性包埋劑包埋。在室溫下細胞內元素會流失或位移到置

換溶劑或包埋劑內而造成偽像。避免此現象發生的方法乃在低溫下將置換後的
試樣以冷凍切片。

　　冷凍置換法需經一些訓練才能熟練地成功操作，而且相當費時費力，然而不
可否認的它確實有許多其他方法所沒有的優點[12]：
1. 組織細胞內元素流失極少 (小於 5%)，且這種流失可能係因邊緣被切割部位細
　　胞內之元素流失。
2. 冷凍置換法不像冷凍乾燥法般的急速乾燥，而是在緩慢溫和中將水置換而達脫
　　水的目的，因而在細胞間隙及細胞內液泡中的元素不致流失或位移，尤其對植
　　物組織更能顯示冷凍置換法的優點。
3. 冷凍置換法可適用於動植物試樣之製備，完成之試樣可以光學顯微鏡、穿透式
　　或掃描式電子顯微鏡觀察。以丙烯醛 (acrolein) 加在乙醚 (diethyl ether) 中作
　　置換溶劑可得到更佳的試樣供觀察微細構造。
4. 細胞內可溶性物質亦同樣可用冷凍置換法固定，再以 X 光分析法、放射性偵察
　　法 (autoradiography) 或以組織化學法觀察。

四、冷凍乾燥法

　　冷凍乾燥法係在低溫下以低壓將冷凍生物試樣的水份昇華，以達到乾燥試樣
的目的。雖然它容易造成試樣變形，但它的操作簡便且不用任何溶劑，因而在製
作電子微探儀試樣上仍佔有相當的地位。

　　冷凍乾燥法製作電子顯微鏡試樣可略分三類：
1. 塊狀試樣：冷凍、低壓乾燥再加鍍碳即可，乾燥後也可加以塑膠包埋。供掃描
　　式電子顯微鏡之電子微探儀觀測。
2. 包埋材料切片：塊狀試樣冷凍、低壓乾燥後塑膠包埋並切片。供掃描、穿透或
　　掃描穿透式電子顯微鏡之電子微探儀觀測。
3. 冷凍切片：冷凍塊狀試樣冷凍切片以冷凍低壓乾燥，供掃描、穿透或掃描穿透
　　式電子顯微鏡之電子微探儀觀測。

　　冷凍對生物試樣的影響及冷凍過程中的一些問題在第三節冷凍置換法中已討

論過。冷凍乾燥過程中通常不加抗凍劑，因為在乾燥過程中抗凍劑會集中在試樣表面，破壞表面的形態構造，易使電子顯微鏡受到污染，而且元素離子會趨向抗凍劑而造成抗凍劑部位的元素濃度較高。

冷凍乾燥速率係決定於冷凍低溫下冰的蒸氣壓與冰表面的水蒸氣壓差，而冷凍溫度會影響乾燥所需的時間。理想的冷凍乾燥溫度應在$-120°C$(破壞組織細胞最少)，然而一般常用的溫度為 $0°C$～$-80°C$。溫度與所需乾燥時間是相互關連的，例如$-10°C$下僅需 45 分鐘而$-60°C$則要 5 個半小時。樣品大小亦是影響乾燥速率的因子，如 1 mm 的試樣在$-40°C$下要 2 小時，而 4 mm 厚的試樣需 個半小時。乾燥的壓力為 10^{-2}～10^{-3} mmHg 即可，因乾燥速率取決於水分子在試樣內移動的速度，所以加大負壓並不能有很顯著的加速乾燥效果。

包埋劑對試樣內元素會有影響，如 Araldite 會使試樣內元素流失，然而 Epon 826 較不會有此現象。

冷凍乾燥法大略有下列程序：

1. 快速冷凍：生物試樣以小於 1 mm³ 為宜，先在 Freon 22 或丙烷內驟冷約 30 秒再快速移入置於液態氮中的小瓶 (5～10mL)內。
2. 冷凍乾燥：將液態氮中裝有試樣的小瓶連同瓶內的液態氮快速移到冷凍乾燥機內。冷凍乾燥機於$-80°C$～$-100°C$ 低溫下，設定壓力在 10^{-2}～10^{-5} torr，經 8～24 小時 (依試樣大小而定)。試樣乾燥後將冷凍乾燥室漸進昇溫到室溫 (通常以每 2 小時昇溫 5°C)。
3. 塑膠包埋或鍍碳：若要切片，試樣可用 Epon 82 利用酒精滲透包埋。塊狀觀測的試樣則作表面鍍碳。
4. 切片：以乾切為宜，注意勿接觸水份。

五、冷凍切片

冷凍切片係將試樣在冷凍溫度下切片，再乾燥。冷凍切片試樣除可觀察組織細胞構造外，對細胞內元素保存亦佳，元素喪失或產生位移的情形最輕微。雖然一般觀察冷凍切片的解析力約在 200～300 nm，比化學固定試樣差距甚多，但冷凍組織細胞切片內成份及元素的完整性是無可置疑的，其結果具有極佳之說服力，因而其可信度在其他方法之上。

　　冷凍切片中試樣冷凍的一般原理可參閱第三節。冷凍試樣切片操作一般不宜在溫度高於 −80°C 以上，否則易產生再結冰晶及溶解現象，雖然在 −80°C 以上操作容易，切片易成帶狀，易於挑起，但若發生溶解或再結冰晶現象則可能導致細胞內元素擴散，其所得切片的可信度即大爲降低。冷凍切片操作中若刀片溫度高於冷凍試樣溫度則切片易成帶狀[16]，然而在較低溫下操作要挑起切片不是件容易的工作。不過也有人認爲在 −80°C 左右操作應不致有再結冰晶或溶解現象而導致組織細胞內元素的位移或喪失。

　　無論如何，安全而可信賴的切片溫度宜在 −100°C 。現行市售的冷凍切片機

圖10.3　Reichert-Jung F C 4 冷凍超薄切片機。

(圖 10.3) 有相當好的設備，擁有電子控溫及液態氮自動充填設計，可輕易的控制切片室溫度到－180℃[9]。適當的冷凍切片溫度決定於試樣含水量、溶液特質、非溶液物質特質及大分子特質。

　　冷凍切片厚度通常設定在 130～140 nm，而實際切下的片子可能稍厚於設定的範圍，然此厚度的切片適於電子微探儀觀測之用。冷凍切片操作能否成功決定於溫度、切片速度、刀片角度及切刀材質。假如切片室內空氣溫度、切刀溫度及試樣溫度浮動變異 (即使只是 1～2 度的幅度)，切片很不容易成功，溫度維持穩定是冷凍切片相當重要的條件。

　　冷凍切片的收集不像一般塑膠包埋試樣之室溫切片容易，通常因冷凍切片易捲曲及不易成帶狀而較難安置在鎳網或碳網上，利用低真空吸引方式 (如圖 10.4)

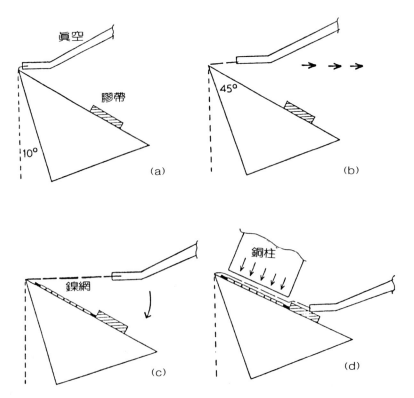

圖10.4 利用真空吸引法挑起冷凍切片[1]。

是較方便的措施。

　　鎳網在冷凍低溫下仍可與弗氏膠膜黏貼 (銅網則易與弗氏膠膜脫落)，與生物試樣元素波峰重疊的情形少，並且可用具磁性的夾子撿起摔落的鎳網，爲一般冷凍切片操作人員所喜愛。

　　冷凍切片必須放在冷凍盒內移到冷凍乾燥機中以去除水份，乾燥溫度最好與切片機溫度一樣，原因有二：(1)免除因溫度變異而傷害切片；(2)在切片機的低溫下 (−80°C 以下)可延長乾燥時間，以免過快的乾燥速度破壞切片微細構造。冷凍溫度越低所需乾燥時間越長，通常冷凍乾燥切片時間不宜少於 3 小時，若能過夜後再昇溫更佳。升溫速度不可太快，否則切片亦會受損，用乾燥液態氮噴出之氮氣幫助切片昇溫，可避免昇溫太快及受水蒸氣凝結。

　　冷凍切片操作程序如下：
1. 生物試樣冷凍：生物試樣切取 1 mm³ 大小的四角錐形置於不銹鋼樣品座上，然後放於丙烷或 Freon 22 (已在液態氮內冷却到 −160～−180°C) 驟冷約 30 秒，再迅速存放於液態氮內。
2. 冷凍切片：以冷凍切片機 (如 Reichert FC4/Ultracut cryoultramicrotome) 作 130～140 nm 厚的切片，傾斜角度 (clearance angle) 6°，切片速度 30～50 mm/秒，溫度 (切片室、刀及試樣) −100°C。
3. 切片收集：以睫毛筆或低眞空管將切片安置於鎳網或碳網上。
4. 冷凍乾燥：冷凍乾燥機溫度最好與切片機溫度相同，至少也要−80°C 才好。
5. 鍍碳：鍍碳後的切片存放在乾燥瓶內以待觀測。

參考文獻

1. Appleton, T. C. 1978. The contribution of cryo-ultramicrotomy to X-ray microanalysis in biology. In Electron Probe Microanalysis in Biology (D. A. Erasmus, ed.), pp. 148-182, Chapman and Hall, London; John Wiley and Sons, New York.

2. Cameron, I. L., K. E. Hunter and N. K. R. Smith. 1984. The subcellular concentration of ions and elements in thin cryosections of onion root meristem cells. An electron-probe EDS study, J. Cell Sci., 72 : 295-306.

3. De Filippis, L. F. and C. K. Pallaghy. 1975. Localization of zinc and mercury in plant cells. Micron., 6 : 111-120.

4. Dempsey, G. P. and S. Bullivant, 1976. A copper block method for freezing non-cryoprotected tissue to produce ice crystal-free regions for electron microscopy. I. evaluation using freeze-substitution, J. Microscopy, 106 : 251-260.

5. Fisher, D. B. and T. L. Housley. 1972. The retention of water-soluble compounds during freeze-substitution and micro-autoradiography. Plant Physiology, 49 : 166-171.

6. Harvey, D. M. R., J. L. Hall and T. J. Flowers. 1976. The use of freeze-substitution in the preparation of plant tissue for ion localization studies, J. Microscopy, 107(2) : 189-198.

7. Hayat, M. A. 1972. Principles and Techniques of Electron Microscopy: Biological Applications, Vol. 1. Van Nostrand Reinhold Company, New York.

8. Hereward, F. V. and D. H. Northcote. 1972. A simple freeze-substitution method for the study of ultrastracture of plant tissue. Exp. Cell Res., 70 : 73-80.

9. Marshall, A. T. 1980. Frozen-hydrated bulk specimen. Frozen-hydrated section. Sections of freeze-substituted specimens. In: X-ray Microanalysis in Biology (M. A. Hayat, ed.) Chap. 3、4、5, pp. 167-239. University Park Press, Baltimore.

10. Morgan, A. J. 1978. Specimen preparation. In Electrom Probe Microanalysis in Biology (D. A. Erasmus, ed.) , pp. 94-147. Chapman and Hall, London, John Wiley and Sons, New York.

11. Morgan, A. J. 1980. Preparation of specimens changes in chemical integrity. In X-ray Microanalysis in Biology (M. A. Hayat, ed.) , pp. 65-165. University Park Press, Baltimore.

12. Morgan, A. J. 1985. Thin-specimen Preparation. In: X-ray Microanalysis in Electron Microscopy for Biologists (A. J. Morgan, ed.) , Chap. 6, pp. 52-65. Oxford University Press, Royal Microscopical Society, London.

13. Ornberg, R. and T. Reese. 1981. Quick freezing and freeze-substitution for X-ray microanalysis of calcium. In : Microprobe Analysis of Biological Systems (T. E. Hutchinson and A. P. Somlyo, eds.) , pp. 213-223. Academic Press, New York, London, Toronto, Sydney, San Francisco.

14. Pallaghy, C. K. 1973. Electron probe microanalysis of potassium and chloride in freeze-substituted leaf sections of Zea mays. Aust, J. Biol. Sci. 26 : 1015-1034.

15. Rebhun, L. I. 1972. Freeze-substitution and freeze-drying. In : Principles and Techniques of Electron Microscopy, Biological Application (M. A. Hayat, ed.) . Vol. 2, pp. 1-49. Van Nostrand, New York, Cincinnati, Toronto, London, and Melbourne.

16. Seveus L. 1978. Preparation of biological material for X-ray Microanalysis of diffusible elements. 1. Rapid freezing of biological tissue in nitrogen slush and preparation of ultrathin frozen sections in the absence of trough Liquid. J. Microscopy, 112 : 269.

17. Spurr, A. R. 1972. Freeze-substitution additives for sodium and calcium retention in cells studied by X-ray analytical electron microscopy. Bot. Gaz., 133(3) : 263-270.

18. Van Zyl, J., Q. G. Forrest, C. Hocking and C. K. Pallaghy. 1976. Freeze-substitution of plant and animal tissue for the localization of water-soluble compounds by electron probe microanalysis. Micron 7: 213-224.

19. Woolley, D. M. 1974. Freeze-substitution: A method for the rapid arrest and chemical fixation of speramtozoa, J. Microscopy. 101(3) : 245-260.

20. Yang, J. S. 1986. Changes in the calcium distribution of cortex cells of ' McIntosh' apples during ripening. Ph. D. Thesis. Cornell University, N. Y. USA.

第十一章
生物立體顯微技術

楊瑞森

食品工業發展研究所研究員

一、前言 ·· *191*

二、試樣製備 ·· *194*

　㈠固定 ·· *194*

　㈡脫水 ·· *194*

　㈢包埋、切片及染色 ·· *195*

三、試樣選取 ·· *195*

四、胞器體積測量 ·· *195*

　㈠測面儀測定胞器體積 ······································ *196*

　㈡線測法 ·· *196*

　㈢點測法 ·· *196*

五、胞器表面積測量 ·· *200*

　㈠全圖繪線法 ··· *200*

　㈡短線排列法 ··· *201*

六、胞器大小測量 ·· *201*

七、胞器出現頻度測定 ··· *202*

　㈠$\bar{D} > t$ 時胞器出現頻度之求法 ··················· *202*

　㈡$\bar{D} < t$ 時 N_v 的測估 ·························· *204*

　㈢N_v 推估過程中 Holmes 效應之影響 ················· *205*

八、細胞及胞器形狀 ·· *205*

九、立體觀察鏡 (Stereo Viewer) ······························ *206*

　• 參考文獻 ·· *207*

本章資料大都由 Quantitative Methods in Biology[2]一書語譯，並參閱 Principles and Technique of Scanning Electron Microscopy[1]一書，另加上譯者的照片而成。

一、前言

立體顯微技術又稱三度空間技術，是由二度空間的影像衍生出三度空間的立體資訊。其方法有兩種：(1)重組法 (reconstruction method)，係利用許多二度空間影像組合而成；(2)外推定量法 (quantitative extrapolative method)。立體影像法用於地理及軍事方面已有相當時日，而用於生物電子顯微鏡上則是近幾年的事。

立體影像法的基準在於影像顆粒體積及表面積和顆粒的數目及大小，其基本理論是依據 Delesse 所述 The Delesse-Sorby Principle：生物細胞內胞器所佔的體積與該胞器在切片上所佔的面積成正比 (On average the fractional area of a feature on sections taken of a solid body, is directly proportional to the fractional volume of that feature in the original solid body)；其相互關係如下式：

$$\frac{V_c}{V_T} = E\left(\frac{A_c}{A_T}\right) \quad 亦即 \quad \frac{V_c}{V_T} \propto \frac{\overline{A_c}}{\overline{A_T}}$$

V_c：胞器體積
V_T：細胞或組織體積
A_c：胞器在切片內佔有之面積
A_T：生物切片面積

由此式亦可提示我們在切片觀察訊息中所代表的意義，細胞內呈 n 度空間的胞器，在切片內則以 n−1 度空間呈現，三度空間變成二度空間，二度空間變成一度空間 (線)，一度空間則變成零度空間 (點)。基本上，細胞內胞器數目 (N_V) 亦可用切片上胞器數目 (N_A) 推算，然先決條件是細胞體積必須容易推算。

　　利用超薄切片當作立體影像的材料，其理想狀況係切片厚度近乎零　(零厚度)，而胞器在切面上有良好的對比 (contrast)。實際上一般切片厚度大約在 40～100 nm，而且胞器在切片上的對比並不理想，這種實際上的操作缺陷易造成一連串相關估算錯誤的問題 (圖 11.1)，對比良好的胞器在切片上所形成的投射影像 (projected image)，往往造成對胞器大小的推估值大於應有值，因為在此切片上觀察者難以僅靠觀察來測定切片上切面或下切面的胞器面積，這種在切片上胞器的投影效應造成推估的偏差稱為 "Holmes 效應"，Holmes 效應與胞器大小及切

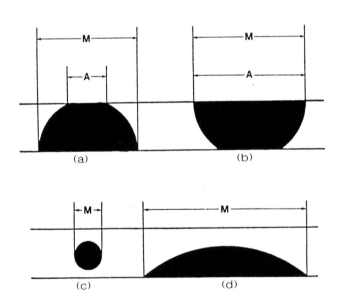

圖11.1 Holmes 效應。在切片觀察中實際球體切面直徑(A)可能小於測量值
　　　　(M)(a)；亦可能等於測量值(b)；(c)圖中切面直徑等於零，但測量值卻
　　　　是非常具代表性。(d)圖切面沒有切面直徑，而測量值僅是球體的一個
　　　　上弧形蓋。(Williams, 1981)

片厚度有關，在對比良好的情形下，如顆粒 (胞器) 直徑 (particle diameter, D) 小於切片厚度 (t) 15 倍，顆粒大小的推測誤差因 Holmes 效應而可達 12%，如 D＜8t，則誤差超過 20%。相反地，如果胞器染色之對比不理想，除非胞器涵蓋切片某一區之整個厚度，否則一樣造成 Holmes 效應，其推估結果比應有值爲小 (圖 11.2)，且在胞器對比不良的情形下不易估算 Holmes 效應，唯有在對比良好的胞器上才可準確的推估 Holmes 效應。

Holmes 效應除了影響胞器直徑 ($\overline{D}$) 的推估外，也可推演出胞器體積、胞器面積、胞器大小頻度及胞器數目等。

胞器的立體影像均由超薄切片來推估，因而切片厚度的精確性成爲該項技術的必要條件，若以一般切片技術來推估切片厚度可能會導致嚴重的錯誤，一般以

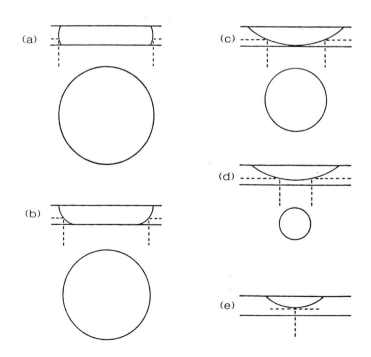

圖11.2 圖示對比不足而造成之影像喪失情形。注意 A～D 圖中影像喪失的現象，E 圖中影像完全喪失。(Williams,1981)

切片折射所產生的顏色推估切片厚度的變異幅度可高達 50%，亦即銀色切片的厚度差異由最薄到最厚可相差 50%。

測定切片厚度可分成三個階段：

1. 利用折射顏色求得厚度平均值。儀器有 Smith double-beam instrument 或 Leitz reflectance pattern microscope 兩種。
2. 單獨切片厚度測定，推測切片群厚度。50 nm 厚的切片其量測精確度為 ±15%，而 100 nm 厚的切片為 ±5%。
3. 高精確度地測量單一切片，40～100 nm 厚的切片其量測精確度為 ±1～2%。可採用 Zeiss interference microscope 或 GFL POL instrument with a Jamin-Lebedeff interference system。

二、試樣製備

立體顯微技術觀測用之生物試樣的製備與一般傳統的製備方式類同，包括固定、脫水及包埋等，但因關係到胞器的大小及形狀，製備過程須注意一些細節問題，如滲透壓等。

㈠固定

固定液的滲透壓需經數次試驗以求得最適當的濃度，一般以使用滲透壓略低的緩衝液製備四氧化鋨 (osmium tetroxide) 或戊二醛 (glutaraldehyde) 固定劑。初固定 (戊二醛) 或再次固定 (四氧化鋨) 後均得以與固定液滲透壓相同的緩衝液沖洗，尤其在四氧化鋨固定時須特別注意滲透壓，因為四氧化鋨對細胞的滲透性具有嚴重的破壞力，而醛類固定劑對細胞滲透性的影響則不致於太大。調整伸張壓 (tonicity) 後的胂緩衝液 (cacodylate buffer) 是較理想的緩衝液，伸張壓以 330～360 為佳，即以 0.12M 二甲胂酸鈉 (sodium cacodylate) 加鹽酸 (HCl) 調至 pH 7.4，可大致得到適當伸張壓的緩衝液。

㈡脫水

在脫水過程中胞器的皺縮是難免的，這也是製作立體影像試樣最困難的地方，以酒精/水之比率為 7/3 的溶液進行脫水是較為理想的。

㊂包埋、切片及染色

　　包埋及切片皆不至於影響胞器的大小。切片以銀色厚度 (50～70 nm) 為宜，切片過程中切片太多所造成的擠壓或拉引均會略影響切片的原形，通常以 3～5 片的切片時即應以 200 mesh 的弗氏膠膜覆蓋之銅網撈取；若有需要，亦可使用大孔網，但六角形孔網因不穩定故不宜採用。切片必須以重金屬染色如醋酸鈾醯 (uranyl acetate) 及檸檬酸鉛 (lead citrate)，否則不易觀察到某些胞器，同時也會造成 Holmes 效應。

三、試樣選取

　　以電子顯微鏡及光學顯微鏡來觀察生物試樣真有如"以管窺天"，利用極小範圍的觀察以達到了解生物體全體的目的，其中最大的問題就是如何取得試樣以代表全體，下列有幾個取樣步驟可供參考：

1. 由數個 (如六個) 生物體各取一塊組織，將每塊組織切成 6～8 片。
2. 再將小片切成數片，予以包埋。
3. 由各小組樣品塊 (block) 中隨機取 1～2 個切片。
4. 每樣品塊均切一帶切片。
5. 由每一帶中各取一切片。
6. 將每一切片拍攝一定數目的照片 (如 8 張)。

四、胞器體積測量

　　細胞或胞器體積通常是以顯微照片測量，而照片內各胞器截面積的測定方法有數種。最原始而簡便的方法是將照片內各胞器剪下後稱重，以各胞器所涵蓋的相紙重量與全張相片 (或全細胞涵蓋之相紙) 的重量之比值來求出胞器體積比例的估算值 (V_v)。最近測面儀 (planimetry) 的應用使測定面積變得容易而方便，可直接測出面積。另外，利用點測定法或線測定法所獲得之點數 (P_P) 或線長 (L_L) 均與面積測定法所得到的面積 (A_A) 成比例，這些方法皆可用來測定體積 (V_v)。

表 11.1 中顯示不管何種方法所求得的胞器體積均非常相近。

表 11.1　由不同方法測出之胞器體積比例。

胞器	點測法	線測法	面測法	紙重法	相關組照片求得之平均值
粒線體	33.50	32.27	32.80	33.16	24.83
核	5.37	4.03	4.70	4.91	8.42
深色囊體	3.07	2.63	2.90	2.93	1.97
細胞質	58.06	60.70	59.60	59.00	64.78

(William 1981)

㈠測面儀測定胞器體積

　　固定描臂的測面儀係一個簡單的儀器，可測定單一截面的面積，進而推測胞器體積；其優點是它可提供胞器單一截面的面積，但僅適於分離的圖形，而無法測定散漫的區域如細胞質。綜言之，它適於精確地測定單張照片，其準確度則與截面面積大小成反比，欲測的截面面積不可小於 3 cm²，亦即直徑至少為 2 cm 以上，不可有太多不規則的形狀，如細胞、細胞核、粒線體、溶素體、分泌體及內質網膜等，皆適合使用測面儀來測定面積，其準確度則較點測法精確。

㈡線測法

　　如圖 11.3 所示，線測法係依照下列步驟進行：

1. 將圖片繪上平行線。
2. 測定在某胞器 (如粒線體) 上的線條長度 (L_{mito})。(mito＝mitochondrium)
3. 計算在胞器上的線段佔全線段的比率。

$$V_{v_{mito}} = \frac{L_{mito}}{L_T}$$

㈢點測法

圖11.3 豌豆葉片細胞。（×9000）

將圖片打上有規則的點，計算在某胞器上的點數，再算出佔全圖點數的比率。

$$V_v = \frac{落在胞器上的點數}{全圖總點數}$$

1.規則列點法 (Regular Arrays of Points)

點排列方式可以是三角、四方或六角格局，經比較之後，以三角排列格式為最佳，四方形排列為最方便。利用格局，一則易於計算總點數；二則當使用的總點數決定後，點測法產生的錯誤部份就決定格局空間，因此，格局形式的選擇及應用是量測準確與否的重要因素。

事實上，在同一照片上以三種不同格局同時測量是最常採行的作法，以放大倍率為 30,000 的照片而言，3cm 空間的格局對各種胞器的測量最為適當，而 1cm 以下的格局則較少使用。

2.隨機佈點法 (Random Arrays of Points)

在生物試樣中，胞器呈現的不規則形狀，使得規則列點法所測量之結果產生很大的誤差，隨機佈點法在這種試樣上常可任意採用較多的點數而得到準確性較高的結果，但不可否認的，也常造成統計分析上較大的誤差。

隨機佈點法的操作是將有縱及橫座標的透明膠片放於照片上，縱及橫座標均有 100 點，以隨機數字表找出的數字在座標上找出座標點，計算落入某胞器內點的數目，再算出面積比值。

$$點的面積值 = \frac{觀測面積\ (cm^2)\ \times 10,000^2}{點數目 \times 照片放大倍率}$$

3.採用點數

統計的誤差與採用點數成反比關係，因而點數的多少需要小心設計，以達工作便利而資料數字準確性高。採用點數多少應取決於觀測胞器所需的精確度，利用預備試驗以測試理想的點數是方法之一，而且可獲得粗略的 V_v。如需特別精確測定時，採用點數可用下面兩種方法決定：

(1)相對標準差之計算 (Calculation of the Relative Standard Error, RSE)

依 Hally (1964) 的公式：

$$RSE = \frac{\sqrt{1-V_v}}{\sqrt{n}} \qquad n：採用點數$$

例如粒線體約佔全細胞體積之 0.10 (10%)，則需要多少點數才為適當？若設定標準差為 1%：

$$\frac{1}{100} = \frac{1-0.01}{\sqrt{n}}$$

$$\sqrt{n} = \sqrt{0.9} \times 100$$

$$\sqrt{n} = 0.95 \times 100$$

$$n = 95^2 = 9025$$

而粒線體約佔十分之一的細胞體積，因而整張細胞照片所應施用的點數為 9025×10＝90250，可見在高準確度 (RSE＝1%) 的要求下，所須採用的點數相當多，若 RSE 改為 5%，則採用點數變為 3610 點。

⑵漸進平均值之計算 (Calculation of a Progressive Mean)

　　若在每張照片上以 200 點來測定，假設欲測定粒線體體積，第一張照片中點落在粒線體內的比例為 A_1，接著做第二張照片，同樣以 100 點測定得落在粒線體內的比例為 A_2，求出 A_1 與 A_2 之平均值，同樣做第三、四、五……張，求出 $(A_1 + A_2 + A_3 + A_4 \cdots A_n)/n$ 之值為 A，依所得 A 值畫出圖 11.4，將可信限度 (confidence limit) 設定後 (如 5% 或 10%)，則由圖 11.4 即可知最少需要幾張照片或多

圖11.4 點測法的最小照片樣品數之估計。圖中係 zymogen granules in rabbit parotid gland acinar cells 的體積估測。切片厚度 196 μm^2，每圖以格點 409 佈點。圖中顯示最小照片數為 90 張，90 張以上所測之胞器體積即可在上下 10% 的限度範圍內。(Williams, 1981)

少切片面積才能使胞器體積之推估值在有效信度內，亦即可知最小樣品數 (Minimal Sample Size, MSS)。此方法係基於照片的變異及總採用點數，假設細胞組織的照片變異很大，則必須使用大照片或更多的照片。

五、胞器表面積測量

因為細胞膜的厚度極薄，一般都將膜的內外面積視為相同；在切片上細胞膜算是一度空間，只需測量胞器的長度，即可依下列公式計算出膜的面積 (S_v)：

$$S_v = \frac{4\ m}{\pi} \qquad m：胞器外圍長度／單位面積$$

胞器表面積測定的困難在於：不易推估某些不規則、不對稱方圓胞器的表面積；另外在有 Holmes 效應及對比情況不佳時，均使我們得仔細考慮表面積的推估可靠性。由上列公式可知欲求出表面積，則必先求得每單位面積內某胞器的外圍長度。其方法可略分為兩種：繪圖儀輪 (cartographer wheel) 法；繪線 (superimposed lines) 法。繪線法又可分成(1)全圖繪線法 (superimposition of lines that completely traverse the micrograph) 及(2)短線排列法 (an array of short lines)。

㈠全圖繪線法

由全圖所繪的線總長度 (L) 及線切到胞器外圍的次數 (I)，依下列公式可計算出外圍長度 (contour length, m)

$$m = \frac{I \times \pi}{2\ L} \quad mm／照片單位面積 mm^2$$

假如將放大倍率放入公式則

$$m = \frac{I \times \pi}{2\ L} \times \frac{放大倍率}{1000} \quad \mu m／\mu m^2$$

由所得之 m 值即可求出每單位細胞質體積中所含胞器膜的面積 (S_v)。

$$S_v = \frac{4}{\pi} \times m$$

例如求單位細胞質體積內所含粒線體外層膜面積，以圖 11.3 為例：

1. 線切到粒線體外圍的次數為 67。

2. 在圖上線總長為 2490 mm。

3. 放大倍率為 9,000X。

4. $m = \dfrac{\pi \times 67 \times 9000}{2 \times 2490 \times 1000} = 0.38 \; \mu m/\mu m^2$

5. $S_v = m \times \dfrac{4}{\pi} = \dfrac{0.38 \times 4}{3.14} = 0.48 \; \mu m^2/\mu m^3$

(二)短線排列法

此法較全圖繪線法複雜，但可視同採用點數法，而成為估算胞器體積的依據。其公式如下：

$$S_v = \frac{4 \times I}{P \times L}$$

    I：短線切到胞器外圍的次數

    P：短線碰到胞器的次數

    L：單一短線長度

六、胞器大小測量

胞器大小的推估測量，並不能直接以照片上某胞器的大小來下定論，假設胞器直徑小於切片厚度時就容易測定，若胞器直徑大於切片厚度時就需多一層的考量，如胞器在切片上的部位、胞器族群大小的分布及胞器是否呈現球形或其他形狀等等。

一般計算胞器的數學式子大都是針對球形 (偶而可適用於圓柱形或橢圓體) 而設計，若形狀不規則或呈現不同的形狀時便很難推估；無論如何，細胞內溶素體、分泌顆粒，囊胞及核還是可測估其大小。胞器直徑平均值 $\overline{D}$ 通常以公式 $\overline{D} =$

$D \times (\pi/4)$ 計算，D 為胞器直徑。依實驗結果得知，在隨機切片試樣中，胞器直徑大部份 (86.6%) 會大於或等於 0.5D，少部份才小於 0.5D；由 1500～2000 個胞器試樣獲得推測資料是較可靠的作法。此公式用於胞器呈現均勻大小時之狀態。

當胞器大小呈現不均一狀態，而在一定範圍呈一定分布情況時，求取胞器直徑之平均值的公式為

$$\bar{D} = \frac{\pi}{2} \frac{N}{\dfrac{n_1}{d_1} + \dfrac{n_2}{d_2} + \cdots\cdots + \dfrac{n_h}{d_h}}$$

n：在某一大小範圍內之胞器數目
d：在某一大小範圍內之胞器直徑平均
N：胞器總數
h：胞器依大小歸類成的範圍數目

此公式若用於某族群胞器，而此族群胞器不依大小歸類成幾個範圍的小族群，則公式改為

$$\bar{D} = \frac{\pi}{2} \frac{N}{\dfrac{1}{d_1} + \dfrac{1}{d_2} + \cdots\cdots + \dfrac{1}{d_N}}$$

七、胞器出現頻度測定

當胞器直徑小於切片厚度時 $(t > \bar{D})$，要推估細胞單位體積內所含的胞器數目 (N_v) 較為簡單，但當胞器直徑大於切片厚度 $(\bar{D} \geq t)$ 時，由切片來推估胞器在細胞單位體積內出現的頻度就較複雜。無論如何，上述兩種情形目前均有適當的方法可求得胞器在細胞單位體積內出現的頻度。

㈠ $\bar{D} > t$ 時胞器出現頻度之求法
1.利用胞器直徑的平均值 $(\bar{D})$ 求頻度

以切片上胞器出現的數目 (N_A) 及胞器直徑的平均值 ($\overline{D}$) 來求細胞單位體積內胞器的數目 (N_V)，其公式如下：

$$N_V = \frac{N_A}{\overline{D}}$$

該公式是適用於胞器呈圓球形或近乎圓球形的情況，若胞器呈非圓球形時，$\overline{D}$ 值就得先觀察該胞器的三度空間立體形狀後，再作調整，胞器的立體形狀係可用連續切片技術拼湊而成，也可以超高壓電子顯微鏡觀察厚切片而得。粒線體的觀測較不適用此法。

2.利用胞器體積求頻度

若單一胞器的體積 (v) 可求出，而胞器在細胞單位體積內所佔的體積 (V_v) 也已推估出來，則依下式可求得 N_V。

$$N_V = \frac{V_v}{v}$$

3.利用胞器大小的分布特性求頻度

本方法最大的特色係適應性強，可用於許多狀況，其公式為

$$N_V = \frac{K}{\beta} \times \frac{(N_A)^{3/2}}{(V_v)^{1/2}}$$

其中 K 為依胞器大小分布而得的常數，β 為形狀常數 (shape constant)，依下式求得：

$$\beta = \frac{v}{a^{3/2}}$$

v：胞器平均體積

a：胞器平均切面積

K 值的設定是一項較麻煩的問題，如胞器大小的分布呈對稱且變異偏差小於 25% 時，K 值在 1.00～1.07 間，如變異偏差大於 25%，則 K 值須依下式求得：

$$K = \left(\frac{M_3}{M_1}\right)^{3/2}$$

M_1：胞器平均直徑 $\overline{D} = (D_1 + D_2 + \cdots + D_n)/n$

M_3：$\left(\dfrac{(D_1)^3 + (D_2)^3 + \cdots\cdots + (D_n)^3}{n}\right)^{1/3}$

4.利用胞器與畫線交遇的頻度求胞器出現頻度

假設胞器大小與切片厚度(t)相同，依下列公式可求出胞器在細胞單位體積內出現的數目：

$$N_v = \frac{2N_A}{jd + 2t}$$

d：畫線格子空間

j：每個胞器與畫線交遇平均次數的常數

此法用於胞器形狀變化不定時尤為適當，唯一的問題是當胞器太大時易造成偏差，不過可利用下列公式求出 j 值作校正：

$$j = \frac{i \times \rho_e}{\rho}$$

i：每胞器與繪線交遇之平均次數

ρ：胞器周長之平均長度

ρ_e：胞器赤道部位之周長

上述公式皆須在 j 值可為 i 值計算取代下才不致產生錯誤。為避免錯誤，下列狀況應仔細考量：

(1)當 $\overline{D} \leq 0.08\,t$ 時，且胞器在切片上的對比良好。

(2)如胞器對比非常好，$\overline{D}$ 值的影響便不大。

(3)當 $\overline{D} \leq 0.04\,t$ 時，對比的影響就不重要。

㈡ $\overline{D} < t$ 時 N_v 的測估

　　當胞器的平均直徑小於切片厚度時，前面(一)的方法並不適用，例如核醣體 (ribosomes)、甘醣體 (glycogen rosettes) 及鐵晶體等小的細胞質內顆粒。最好的方法是將一定區域的切片當作細胞某一體積範圍，因而吾人可推估在 $1\mu m^2$ 的切片內有 100 鐵晶體的試樣含有 100 分子/切片單位體積 　(μm^3)，假如切片厚度 (t) 為 $0.070\mu m$，則 100 分子/μm^2＝100/0.07＝1429 分子/μm^3。當然其先決條件是：(1)所得切片厚度均一；(2)利用實際已測定厚度的切片。

(三) N_V 推估過程中 Holmes 效應之影響

　　當胞器對比良好，且胞器大小比切片厚度大時 (如 $t > \overline{D}/12$ 時)，Holmes 效應將使 N_V 的結果估計過高。當胞器小於切片厚度時 $(\overline{D} < t)$，用(二)法即可計算 N_V。當胞器大小在 $\overline{D}/12$ 與 $\overline{D}$ 之間時，須用下列式子作校正：

$$N_V = N_{A_t} \times \frac{1}{\overline{D} + t}$$

　　N_{A_t}：在厚度 t 的切片下單位面積內某胞器的數目

但是在對比不良的情況下，在某一切片厚度以下，胞器無法在正常電子束下觀察，唯有將切片厚度增加到一定程度時，才能觀察到胞器及其大小形狀，在這種情況下應利用下列式子作校正：

$$N_V = N_{A_t} \times \frac{1}{\overline{D} + t - 2h}$$

　　h：胞器最低可見的遮影輪廓所需之切片厚度

在實際的操作上是很難找出 h 值的，因為試樣的固定、染色、電子顯微鏡加速電壓等等均會影響胞器的影像呈現。

八、細胞及胞器形狀

　　細胞或胞器形狀的研究是最困難且問題最多的一個領域，雖然由連續切片可得到相當真實的形狀重組資料，但畢竟因不易操作而不適合作大量觀察；若由隨機切片來推測形狀常易造成：⑴不同形狀的胞器在切片中卻呈現相同的形狀；⑵在某一切面下常將兩個胞器的切片形狀誤認為一個胞器的凹陷或分叉，即使用電腦協助分析，其基本問題仍然存在。

目前用於推測細胞或胞器形狀的方法有：胞器平均面積(mean profile area)法，胞器面積/周長比率 (mean profile area-perimeter ratio) 法及胞器軸長比率 (profile aixal ratios) 法等。然這些方法的實用性則仍待評估。

九、立體觀察鏡 (Stereo Viewer)

三度空間的立體顯微技術能將細胞的微細構造重組及解析，掃描式電子顯微鏡亦可提供表面形態的構造，立體照相量測技術也可用來決定試樣或切片內胞器的排列層次及高低差異，若配合立體觀察鏡 (stereo viewer) 及立體觀察像組 (stereopairs) (圖 11.5) 則可進一步解析照片中的影像資訊。立體照相量測技術可應用於掃描式電子顯微鏡、穿透式電子顯微鏡及陰極螢光。而立體觀察鏡對於穿透式電子顯微鏡之厚切片觀察尤有助益，切片中胞器在細胞內的位置及重疊構造之高度關係的觀察與測量均可在此技術下達成，若配合電腦更可方便觀察各種角度的三度空間立體影像。

用於立體觀察的照片需要利用傾斜 (tilt) 照相技術，穿透式電子顯微鏡觀察的切片厚度亦要增加 (150～200 nm)，經一般染色後，以電子顯微鏡尋找厚切片上

立體觀察鏡 (TAAB Lab. LTD)。

有興趣的特定區域照一張相，再將切片試樣傾斜 6°～12°，在同一區域對焦後再照一張相，此兩張照片沖洗後，放在立體觀察鏡下觀察即可在吾人視野內呈現出三度空間的影像 (圖 11.6)。

圖11.6 立體觀察鏡觀察用的草蝦肌肉切片照片組，左為－6°，右為＋6° 所攝得相片。

參考文獻

1. Hayat, M. A.(ed.) 1974. Principles and Techniques of Scanning Electron Microscopy. p.37-41. Van Nostrand Reinhold Co., New York.

2. Williams, M. A. 1981. Quantitative Methods in Biology. Practical Methods in Electron Microscopy. (A. M. Glauert, ed.), North-Holland Pud. Co., New York.

第十二章
分析型電子顯微鏡

楊瑞森

食品工業發展研究所研究員

一、前言 ……………………………………………………………… 211

二、電子束對試樣效應 …………………………………………… 211

　㈠電子微探儀的重要特性 ……………………………………… 213

　㈡儀器設備 ……………………………………………………… 214

　㈢生物試樣與無機試樣的差異 ………………………………… 215

三、X 光的偵測 …………………………………………………… 215

　㈠波長光譜儀 …………………………………………………… 215

　㈡能量光譜儀 …………………………………………………… 217

四、能量光譜儀的定性分析 ……………………………………… 221

　㈠能量光譜 (Energy Spectra) ………………………………… 221

　㈡元素 X 光分佈圖譜 …………………………………………… 223

五、能量光譜儀的定量分析 ……………………………………… 223

　㈠光譜分析 ……………………………………………………… 223

　㈡定量 —— 一些實務的考量 ………………………………… 224

　㈢標準試樣 ……………………………………………………… 226

　㈣X 光積分與元素濃度換算 …………………………………… 227

　㈤生物試樣製作 ………………………………………………… 228

　㈥電子微探儀分析生物試樣的一些困難 ……………………… 231

六、結論 …………………………………………………………… 231

　• 參考文獻 ……………………………………………………… 231

一、前言

分析型電子顯微鏡係近年來研究細胞及細胞化學的新工具，它不但觀察細胞的超微細構造，同時探測其化學成份，藉此我們可了解各種化學成份在細胞內的位置及其功能，使細胞化學的研究向前邁進一大步。

電子顯微鏡的分析技術依訊號產生來源不同可分兩種：(1)由輔助激發源 (auxiliary excitation) 與樣品作用所產生的訊號得到特定分子或元素的資料，例如以離子束 (energetic ion beams)、X 光或同步雷射束 (monochromatic laser beams) 作為激發源；(2)由電子束直接撞擊樣品產生的訊號，即本章要討論之電子微探儀。

二、電子束對試樣效應[16]

電子束打擊到樣品後產生複雜的電子或電磁波 (electromagnetic waves)，依其產生的方式分為彈性散射 (elastic scattering)、非彈性散射 (enelastic scattering)、重組 (recombination)、穿透 (transmission) 及能量轉移 (energy transfer)。依其產生的訊號有下列八種：

1. **背向散射電子 (Backscattered Electrons)** 係因電子束與樣品的原子核或電子撞擊所產生，電子損失極少的能量而改變方向。以低加速電壓的電子束撞擊含高原子序元素的重試樣，則會產生較多的背向散射電子，因而，電子電壓及試樣性狀是決定背向散射電子的主要因子。

2. **二次電子 (Secondary Electrons)** 係一種非彈性散射的現象。電子束或背向散射電子撞擊到試樣的電子時，可將所帶的能量傳至該電子而使電子游離 (ion-ize)，電子因獲得能量而濺出 (emitted) 軌道，這些濺出的電子即為二次電子。它們通常具有小於 50 eV 的能量，可用於掃描式電子顯微鏡觀察試樣的表面構造，其解析力在 10 nm 左右。

3.陰極螢光 (Cathodoluminescence) 係物體經電子束撞擊後，多餘的能量以紅外光、可見光或紫外線的形式釋放出來。這種訊號除非有適當的偵測儀，且螢光本身可由樣品表面射至偵測儀，否則也難以利用。

4.特性 X 光 (Characteristic X-rays) 是最常使用於分析試樣內元素的訊號。當高速電子撞擊原子內層軌道的電子時，被撞擊的電子因獲得能量而呈激發 (ex-citation) 狀態，這種激發態的電子在較高能階的電子軌道上，造成內層電子軌道出現空隙 (vacancy)，當高能階電子墜向內層軌道時，多餘的能量 (excess energy) 以 X 光子 (X-ray photons) 形式放出，即所謂的特性 X 光。如在原子最內層 K 軌道產生空隙位而產生的 X 光叫 K X 光，由不同外層電子進入填補則分別稱為 Kα，Kβ⋯X 光，依此類推 (如圖 12.1)。如空隙位在第二層，則叫 L X 光，第三層則叫 M X 光[26]。

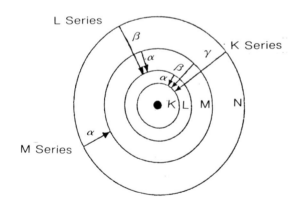

圖12.1
X 光光譜發生圖 (Postek et al. 1980)。

5.歐傑電子 (Auger Electrons) 係一低能釋放現象。被撞擊到的高階電子墜向內層低階軌道時，除了釋放高階能量 (如特性 X 光) 外，也有一些低階的能量放出，此即所謂的歐傑電子。因歐傑電子所含能量低，僅有在樣品表面的能量跳

出時始被偵測到。是故歐傑電子可用於偵測樣品表面的組成，尤其適於測定低
原子序之原子。

6.**穿透電子 (Transmitted Electrons)** 係穿過樣品之電子束，可用於穿透式電子
顯微鏡觀察樣品內部之微細構造，其解析力為 5 nm 或更好。

7.**試樣電流 (Specimen Current)**，當電子束穿透樣品時，部份電子轉為樣品上的
電流，試樣電流決定於入射電子束的電流大小及電子束與試樣作用的程度，其
中包括產生背向散射電子、二次電子、歐傑電子及穿透式電子等。

8.**連續 X 光 (Continuum X-rays)**，加速電子束撞擊到試樣元素的原子核時，加速
電子改變其方向，於是此類電子在原子核的靜電場 (electrostatic field) 內逐漸
緩慢下來，並以 X 光形式釋放出能量，此種釋放出來之 X 光不具有元素的特異
性，因而命名為白輻射 (white radiation)、背景輻射 (background radiation)、
連續 X 光或制動輻射 (bremsstrahlung)。

㈠電子微探儀的重要特性

1. 電子微探儀可用來偵測元素，但不能分辨元素是離子或非離子狀態。
2. 電子及 X 光均會被空氣分子吸收，因此試樣必須在高真空下分析。而未經脫水
   的試樣會影響真空，故不適於作觀察分析。
3. 微探儀電子束的解析範圍在 10 nm～1μm 之間，當電子撞擊試樣時，在此被撞
   擊的範圍內，會發生某種程度的化學變化，而間接影響該區域內的元素分布。
4. 元素外層的電子不影響 X 光的品質，但內層電子會影響偵測的 X 光，因而 X 光
   光譜重疊干擾的情形非常嚴重。
5. 波長偵測儀 (wavelength dispersive detector) 可測定到原子序 3 以上的元
   素，而能量偵測儀 (energy dispersive detector) 僅能測定到原子序 11 以上的
   元素。
6. 電子微探儀是非破壞性的探測，但畢竟是偵測經固定的生物試樣，其生理停留
   在 (死後) 一定的狀態，與活細胞不同。
7. 本方法用於定性或定量分析。

㈡儀器設備

　　X 光微量分析所需的主要設備可分三部份：一為電子束，二為檢視系統，三為收集及分析 X 光的光譜儀。電子束及檢視系統通常利用 TEM 或 SEM。TEM 有高度解析力，但限於觀察分析超薄切片，雖然可觀測冷凍乾燥切片，卻較不易用於冷凍狀態的切片。SEM 解析力較 TEM 低，但它的樣品空間大，可觀測大樣品，較易觀測冷凍狀態樣品。

　　現行有高電壓 STEM 連接 X 光光譜儀，可觀察較厚的樣品，STEM 的 TEM 部份可做微細觀察，然後到 SEM 瞄準電子束撞擊的位置，隨即偵測 X 光光譜，得到理想的形態觀察及元素分析 (圖 12.2)。

圖12.2

穿透式電子顯微鏡安裝分析儀圖示[16]。

　　X光光譜分析儀有兩種，一為能量光譜儀(Energy Dispersive Spectrometer, EDS)另為波長光譜儀 (Wavelength Dispersive Spectrometer, WDS)。WDS以波長分辨及累計特定的X光，其主要由X光解析晶體 (X-ray analyzing crystal) 及X光偵測器 (X-ray detector) 組成，它具有下列優點：高解析度 (highly resolution)、高元素偵測率 (high count rate)、高準確定量能力 (highly quantitative)、波峰/背景 (peak/background)比值高、寬廣的元素分析力 (Be → U)、高靈敏度 (high sensitivity) 及可在常溫操作。

㈢生物試樣與無機試樣的差異

1. 無機試樣含高原子序的元素，均可產生X光，測定的元素近乎100% (除了氧原子外)，而生物試樣內含有大量的C、H、N、O，均非微探儀所能測定的；能為微探儀所測定的元素 (如鉀、鈉、鈣、鎂) 濃度相當低。
2. 生物試樣的樣品厚度常因區域而異，變化很大。
3. 生物試樣的導電性及導熱性均差，易為電子束打擊破壞，製備時亦易變形。
4. 用於微探儀分析的生物試樣均未染色，圖片及分析資料的解釋較為困難。
5. 電子顯微鏡不能觀察活的生物試樣，因此利用微探儀分析生物試樣；試樣的製備是件艱難且具挑戰性的工作。
6. 生物試樣因生理狀態隨時在變化，而使得試樣變異很大。
7. 由於微探儀無法分辨元素係游離態或結合形式，對所得分析資料的解釋有相當大的困難。

三、X光的偵測[16]

　　前文已略述偵測X光的儀器有兩種，即波長光譜儀及能量光譜儀。

㈠波長光譜儀

　　波長光譜儀係用以偵測射入偵測儀內特定波長X光的強度，此儀器連接到掃描式電子顯微鏡上使用仍然有其相當重要的地位，但現行穿透式或掃描穿透式電子顯微鏡 (TEM、STEM) 均以連接能量光譜儀為主。

　　X光可被認為是波或是粒子，X光波長(λ)與能量(E)的關係如下：

$$\lambda = \frac{hc}{E} = \frac{1.24}{E}$$ h：Planck's constant

c：光速

當 X 光經晶體而產生繞射的現象，將不同波長的 X 光分開到 X 光偵測器予以測定，X 光分析晶體及 X 光偵測器爲波長分析儀的核心組件。

　　X 光射到晶體時，若入射在與晶體介面空間 (interplanar spacing of a crystal) (d) 成一特殊角度 (θ) 時，則產生 X 光繞射，這種現象可以 Bragg's Law 解釋：

　　$n\lambda = 2d \sin\theta$

　　λ：X 光波長

　　d：晶體介面空間

　　θ：晶體面與入射及繞射的 X 光所成的角度

　　n：繞射係數 (order of diffraction)

一個晶體能否將特定波長 (其強度即表元素數目) 集中在偵測器上，完全依靠晶體可能旋轉的角度(θ)而定。不同的晶體具有不同的晶格距離(d)，當其被裝置在偵測儀內時，即可測定不同波長的 X 光，X 光微探儀分析 X 光的範圍在 0.1～1.0 nm 波長之間。用於分析 X 光的晶體材質不同所能測出的波長範圍亦不同 (表 12.1)。

表 12.1 波長分析儀內常用之繞射晶體。

晶　　　體	介面空間 2d (nm)	可測之最低原子的原子序	
		Kα	Lα_1
LiF (lithium fluoride)	0.40	19 (potassium)	49 (indium)
α-Quartz	0.67	15 (phosphorus)	40 (zirconium)
PET (pentaerythritol)	0.87	13 (aluminum)	36 (krypton)
RAP (rubidium acid phthalate)	2.61	8 (oxygen)	33 (arsenic)
KAP (potassium acid phthalate)	2.66	8 (oxygen)	23 (vanadium)

註：原子序增加，X 光波長減小而能量增加[16]。

㈡能量光譜儀

　　波長光譜儀最大的缺點是每次僅能測定單一波長 (即單一元素) 的 X 光,對複雜的有機體－生物樣品進行分析多種元素時則較不方便;生物試樣若經多次電子束打擊將造成不可復原的破壞,且影響分析的準確性。能量光譜儀則能在一次電子束打擊期間內收集約 1～20 KeV 能量範圍的 X 光,亦即原子序 10 以上之生物體內的元素均可在一次電子束打擊中同時分析完成,生物試樣可避免因多次電子打擊所造成的損傷而影響分析準確性。

圖12.3 能量分析儀圖示[16]。

　　能量光譜儀是以 X 光能量來分辨偵測元素,利用半導體晶體 (semiconductor crystal) (Si(Li) crystal) 將電磁訊號 (electromagnetic signal, X-ray) 轉換為電子訊號 (electronic signal),電子訊號經場效電晶體 (Field Effect Transistor, FET) 使其與偏壓 (bias voltage) 分開而進入初階擴大器 (preamplifier) 及擴大器 (amplifier) (見圖 12.3),FET 必須以液態氮保持低溫以減低干擾訊號 (extaneous signals),而增加訊號/雜訊比值 (signal-to-noise ratio),並增進解析力,利用液態氮可同時讓水份在保溫杯上凝結而維持高眞空及避免半導體和 FET 之污染。能量光譜儀的液態氮必須不斷的添加,否則溫度上升,冰晶溶解,初階擴大器的高偏壓 (high bias voltage) 會溢出,半導體偵測器 (semiconductor detector) 將遭破壞。能量光譜儀具有下列優點:價廉、快速定性、可同時偵測多種元素 (原子序 10 以上)、可數字顯示全部光譜、訊號收集效率高、對樣品表面的幾何形狀的敏感性低、可作線掃描 (line scans) 及元素分布圖譜 (distribution maps)[24]。

1.能量光譜儀的特性及其僞像

(1)能量解析度 (Energy Resolution)

　　X 光能量並不能全部轉換成電子訊號，這種能量的轉變呈一統計常態的變異，其變異分布情形正符合高斯定律 (Gaussian)，矽 (鋰) 偵測器 (Si(Li) detector) 的能量解析度以半峰寬度 (Full Width of a peak at Half its Maximum height; FWHM) 爲指標，其 FWHM 等於高斯定律的標準偏差 2.35 倍，其間關係可以下列式子表示：

$$E = 2.35\sqrt{FE_ce}$$

E_c：X 光能量 (X-ray energy) (eV)

e　：3.8 eV

F　：汎諾常數 (Fano factor)

因此可知能量解析度與 X 光能量有關，能階增加則峰寬增加而導致 P/B 率　（圖 12.4) 低弱，偵測底限受影響，其中背景連續 X 光也會影響 P/B 比率。偵測儀的解析度測定通常以錳(Mn) (能階 5.9 KeV) 的 $K\alpha$ 當指標，一般能量光譜儀的能量解析度在 150 eV，而波長光譜儀的能量解析度在 10～20 eV 左右。

(2)偵測儀收集訊號的幾何效率

　　能量光譜儀比波長光譜儀更能有效地收集訊號，它可移動至靠近試樣一公分以下的距離；在很大的涵蓋角度 (solid angle in steradian)，偵測儀收集訊號效率與涵蓋角度成正比。

$$\Omega = \frac{A}{S^2}\sin\alpha$$

Ω：涵蓋角度

A：晶體表面積(mm²)

S：試樣與偵測儀距離

α：X 光進入偵測儀之入射角

因此，涵蓋角度可因偵測儀表面積增加而增大，增加 Ω 值即可增加計數率 (count rate)，而不需如波長光譜儀增加電子束電流以增加計數率。

圖12.4

X 光能階的不同而影響波
峰寬度(a)及解析力(b)(16)。

(3)偵測儀定量效率

　　定量效率係進入偵測儀的 X 光被偵測及記錄的比率,通常在各種能階下不會
到達 100% 的效率。部份低能階的 X 光會被偵測儀的鈹屏 (beryllium window)
吸收,因而通常一般所用的鈹屏僅能讓原子序高於鈉元素的 X 光通過,目前有些
偵測儀有超薄鈹屏或甚至不用鈹屏以增加偵測之敏感度　(可偵測原子序 5 的元
素)。然而高能階的 X 光會完全穿透偵測儀而不產生 X 光訊號 (圖 12.5)。波長偵測
儀定量效率比能量偵測率低 30%。從基本理論而言,影響 X 光激發的最主要因素
乃是加速電壓。

圖12.5 X 光能量變化對 EDS 偵測器之量子效率曲線的影響[16]。

(4)矽消失波峰 (Silicon Escape Peaks)

在偵測儀內的矽鋰晶體受高能量 X 光打擊時會產生 Si Kα X 光 (1.74 eV)，這些 Si 產生的 X 光部份由偵測儀前方消散，而留下在偵測儀內的能量為 E－1.74 KeV (E 為射入偵測儀的 X 光能量)，這留下的些微能量就在能階 1.74 KeV 下出現一小小的波峰，在生物材料的偵測上不會發生重要的影響。

2.能量光譜儀光譜脈衝偽像 (EDS Pulse-processing Spectral Artefacts)

(1)脈衝疊積 (Pulse Pile-up)

每單位時間內 X 光到達偵測器上的數目 (計數率) 是 X 光分析上一個重要的因子，如果計數率太慢，分析時間會拉得很長，試樣在長時間電子束撞擊下會造成損壞，背景計數 (background counts)－雜訊 (noise) 增加，訊號對雜訊比值降低，即解析度降低。

然計數率太快也不是好現象，反而易造成更嚴重的脈衝疊積問題。在能量光譜儀中，其能量解析力乃受脈衝解析器 (pulse-processor, main amplifier) 的影響，若脈衝解析器有充足 (恰好不多亦不少) 的時間測定每一來自初階放大器的電壓，則可達到最大解析力；假若脈衝之間相距太近，在每一脈衝的時間內脈衝解析器尚無法完成一脈衝分析，而下一個脈衝又接著進入，則會造成光譜能量的疊積，使得原來進入之 X 光能量爲 E　KeV，而測出之光譜能量疊積訊號爲 2E KeV。現在的解析器擁有疊積排除器 (pile-up rejector)，可避免發生此現象。

⑵停頓時間 (Deadtime)

　　光譜儀進行分析的時間 (執行時間，real-time) 因轉換器 (FET) 電壓的再設定，脈衝疊積區別 (pulse-pile-up discrimination) 及多頻道分析儀 (multichannel analyzer) 執行分析動作的延誤而浪費眞正分析時間，這些非進行分析的閒置時間稱爲停頓時間 (dead-time)，在這段時間內能量分析器不再記錄進入的 X光。目前能量光譜儀均具備停頓時間校正電路裝置 (dead-time correction circuitry) 以調節所需的停頓時間，大部分均以 X 光進入及測出的計數率來計算停頓時間。一般進入的 X 光其全部光譜計數率保持在 3000 cps，或是停頓時間維持在 15～30% 時，可減低停頓時間不當所造成的僞像並獲得適當的解析力。在操作上以降低電子束電流以及將偵測器與試樣距離拉遠些爲宜，如此可達到降低計數率的效果。

四、能量光譜儀的定性分析[16]

㈠能量光譜 (Energy Spectra)

　　能量光譜儀是試樣快速定性的最佳工具，然而在定性分析中最重要的是波峰鑑定 (peak identification)，Goldstein 等人 (1981) 曾建議光譜定性的認定通則如下：

1. 波峰必須高到具有統計顯著性，才可被認定爲有意義的波峰。波峰高度較波峰兩側的背景值之標準偏差高 3 倍以上者，才可被認定爲有意義的波峰。
2. 每一元素均具有一 X 光光譜族群 (families of X-ray)，若有某元素的 K 系列光譜，不妨視其 L 或 M 系列的光譜是否存在，可再次肯定該元素的鑑定。
3. 在 X 光譜族群中，各波峰組成有一定的比例關係 (如表 12.2)，假如在某一 X 光光譜族群中有某一波峰出現明顯的變異，就意味著可能有另一元素的存在。

表 12.2 K、L、M 光譜系列中，不同波峰的比重關係[16]。

$K\alpha_1 = 100\ \%$, $K\beta = 10\ \%$

$L\alpha_{1,2} = 100\ \%$, $L\beta_1 = 70\ \%$, $L\beta_2 = 20\ \%$, $L\gamma_1 = 8\ \%$, etc.

$M\alpha = 100\ \%$, $M\beta = 60\ \%$, etc.

①這些均是概略數值，實際上會因原子的原子序變動而有異，在薄片試樣內，一元素之 $K\alpha$ 與
　$K\beta$ 之比值呈一定。

②在不同系列間 (如 K 對 L) 不呈一定比重關係[16]。

4. 在低能階 X 光波峰重疊很多，而且儀器解析力並不理想的情況，3 KeV 以下
　K、L、M 系列的 X 光並不容易分辨。

5. 波峰相互干擾或重疊易造成誤判且不易將重疊的波峰分開。生物試樣在製備的
　過程中易造成其他元素的介入而產生干擾 (表 12.3)。一般而言，波峰相距在 50
　eV 以下者則難以分辨兩元素。因此，生物試樣的製備 (見後述) 必須格外的小
　心。

表 12.3 生物試樣製備過程中產生之元素離子干擾[16]。

干擾元素	干擾X光系	汙　染　源	被干擾之元素	干擾之X光系	可否避免
U	M	染　　色	K,Cd	$K\alpha,L\alpha$	可
Pb	M	染　　色	S,Cl	$K\alpha$	可
Os	M	固　　定	P,S,Cl,Sr	$L\alpha,L\alpha$	可
As	L	緩　衝　液	Na,Mg	$K\alpha$	可
Sb	L	沈　澱　劑	Ca	$K\alpha$	可
Ag	L	沈　澱　劑	Cl,K	$K\alpha$	可
Cu	L	試　樣　網	Na	$K\alpha$	可
K	$K\beta$	生物本身	Ca(低濃度)	$K\alpha$	難
Zn	$L\alpha$	生物本身	Na	$K\alpha$	難
Cd	L	生物汙染	K	$K\alpha$	難

(基本資料源自 Goldstein et al. 1981)

6. 如光譜中有一波峰特別高，須注意是否爲僞峰，其可能來自試樣網 (grids) 或波峰重疊。

(二)元素 X 光分布圖譜

　　利用預先設定的特定元素 X 光能階，可將該元素分布的能量訊號在螢光幕上顯現，利用底片曝光，可將自然分布於生物試樣上的特定元素 X 光能量圖譜顯示出來。一個具有意義的元素圖譜應具備下列要件：

1. 必須要有足夠的計數 (counts)，至少每張底片曝光需要有 20,000 計數。生物體內元素很低，可以延長曝光時間及增加電子束電流。

2. 有好的波峰/背景 (P/B) 比值，至少在 3：1 以上。

3. 背景訊號 (background (continuum X-ray) signal) 隨試樣表面形態及試樣平均原子數而變，爲避免收集到背景 X 光圖譜，最好做一背景圖譜 (continuum map) 以作對照之用。

五、能量光譜儀的定量分析[16]

　　X 光能量光譜儀可廣泛用於分析相當厚度之生物試樣內元素的絕對或相對濃度。塊狀的生物試樣可用 ZAF 法校正換算元素之相當濃度。生物切片試樣是目前較常用的定量分析方法，其所算出之濃度爲絕對濃度，且在薄片內 X 光被吸收的量極少，因此，在薄片生物試樣中 X 光量總是與單位面積 (體積) 內的元素量 (而非濃度) 成正比。假如生物試樣厚度在 4μm 以上且密度在 1g/cm³ 以上，亦即 0.4 mg/cm² 以上時 X 光會有被吸收的現象，否則 X 光量與每單位面積內之元素質量成直線關係。因此，生物試樣中元素質量厚度 (mass thickness) 遠比試樣厚度 (specimen thickness) 對 X 光量更重要、更有直接的關係。

(一)光譜分析

　　光譜分析中有三個主要工作：(1)重疊波峰解析 (deconvolution of peak overlaps)；(2)背景光譜消除 (background substraction)；(3)波峰強度測定 (peak intensity measurement)。

1.重疊波峰解析 (Deconvolution of Peak Overlaps)

　　生物試樣內元素的 X 光譜有些係在 1～4 KeV 能階範圍內，因而常造成波峰相互重疊的現象，重疊波峰的解析方法可利用波峰相關係數換算，亦即：以重疊波峰 (如 Ca-Kα 與 Sb-Lα) 中元素的主波峰 (如 Sb-Lα) 與該元素在其他地方的次波峰 (如 Sb-Lγ_1 或 Lγ_2) 其間的比率關係算出重疊波峰中該元素的主波峰強度 (Sb-Lα)，將重疊波峰扣除該元素波峰強度，剩下者即爲另一元素 (Ca-Kα) 之波峰強度。

2.背景光譜消除 (Background Substraction)

在生物試樣測試中要消除背景光譜較困難，因爲(1)大多生物試樣中的元素 X 光譜能階均在 1～4 KeV，而在這個範圍內的背景光譜特別強；(2)大量的背景光譜均非來自生物試樣；(3)背景光譜的上下變動嚴重影響弱波峰對背景光譜之比值 (P/B)。無論如何，目前大多數儀器均裝有電腦，以輔助去除背景光譜。

3.波峰強度測定 (Peak Intensity Measurement)

波峰強度以該波峰中央爲標準算出該峰全部積分 (integration)，再以此波峰積分與背景光譜之比值對標準試樣 (standard) 算出該元素的濃度。要特別注意的是絕不可以波峰強度積分直接作爲不同元素含量的比較，即使在同一光譜內，不同元素的波峰亦不可直接作爲元素含量之比較，因爲每一元素所激發之 X 光不同，且被偵測到的比率亦不同。標準試樣的製備是換算生物試樣內元素含量必需的工作。

㈡定量 ── 一些實務的考量
1.來自試樣外的干擾 X 光

散射電子 (scattered primary electrons)、背向散射電子及次級螢光 (secondary fluorescence) 均能激發 X 光，而可源自試樣架 (specimen holder)、試樣網 (grids)、支持膜 (support film) 及孔徑 (apertures) 等等。欲減少干擾性 X 光，操作時可作一些措施：

⑴用白金 (Pt) 孔徑。

⑵第二聚光鏡與試樣間插入偵測儀。

⑶用小 (100μm) 聚光孔徑 (condenser aperture)。

⑷分析時將物鏡孔徑 (objective aperture) 移出。

(5)清理及校正鏡筒。

(6)用低原子序元素 (如碳) 當作試樣架及試樣網。

(7)用大孔目的試樣網。

(8)試樣周圍的器皿 (如試樣架) 鍍碳處理。

(9)用薄而原子序低的支持網膜。

⑽調整試樣適當的傾斜角。

⑾調整適當的偵測器與試樣間距離。

⑿適當的加速電壓。

⒀有效地調整偵測器。

2.背景光譜測定的能階位置

　　有人認爲要在高能階區域 (20～40 KeV) 測量背景光譜，而有人認爲要在低能階區域 (1.34～1.64 KeV) 較恰當，然在選擇能階區間時最需注意：(1)在該能階區間內沒有特定 X 光譜波峰出現，(2)有足夠的背景光譜作統計分析。

3.電子撞擊下的試樣穩定性

　　電子撞擊生物試樣時造成低原子序的有機成份喪失，以致使欲測定的元素 (原子序較高者) 濃度相對地提高。有機成份因經電子撞擊而造成一些化學鍵的破壞，接著因溫度上升而昇華，這種有機成份喪失的現象可高達 20～40%，是定性上嚴重的問題，一般人認爲試樣與標準試樣會同樣發生有機質量喪失的問題，故可相互抵消而忽略，但不論如何，下列幾個操作方式可減低有機成份因電子撞擊而昇華喪失的現象：

(1)冷卻試樣。

(2)以最低電子束電流強度操作。

(3)試樣鍍碳及採用導電良好的支持薄膜。

(4)讓背景光譜計數率在測定時維持穩定。

　　各元素對電子束的穩定性均不一樣，但有些因素也直接影響元素的穩定度，例如①元素的化學狀態；②試樣厚度；③加速電壓；④電子束電流強度。

　　分析偵測過程中的污染會造成的後果包括吸收部份 X 光及增加背景光譜，這些污染物質可能來自電子顯微鏡鏡筒或試樣，依電子束電流強度及曝照時間的增加而加深污染程度，一般可以(1)增高真空度；(2)清理鏡內組件及試樣；(3)用抗污冷凝阱 (anti-contamination cold trap)及(4)其他抵制試樣質量喪失的措施。

(三)標準試樣

1.塑膠包埋試樣用標準試樣

　　做一個可信賴而準確的標準元素試樣是 X 光微量分析測定所必需的，這種標準試樣必須具有某元素的化學均勻性，同時在材質的物理及化學性質上須與生物樣品相仿[25]。標準元素試樣的製備是 X 光微量分析法的一大難題，依研究測定的對象不同而所採用的標準試樣也不一樣，常被採用的有：無機物 (inorganic materials)、無機樹脂混合物 (inorganic resin mixtures)、有機電解質混合物 (organic-electrolyte mixtures)、pellets、大環聚乙醚複合物 (macrocyclic polyether complexes)、組織均漿 (tissue homogenates)、電解質溶液 (electrolytes solution)、浸鹽物 (substrates infused with salts)、標準校正晶體 (crystal calibration standard) 與微滴 (microdroplets)。

　　Dalcite 或磷灰石(apatite)常用作鈣或磷的標準試樣，但對分析生物材料而言就不太適當。鹽水 (saline) 與一些電解質 (electrolyte) 如蛋白質：牛血清白蛋白 (bovine serum albumin)、碳水化合物—如多醣 (dextran)、明膠 (gelatin)、蔗糖、組織均漿、polyvinyl pyrrolidone、羥烯澱粉 (hydroxyethyl starch) 混合而成的標準試樣常為人使用[14]。生物材料冷凍切片前浸入此標準液後再行冷凍及切片，則標準液在樣品外圍形成一層標準濃度層，然而此方法並不適用於鉀及鈣元素。將無機鹽類加入包埋劑內可製成永久性標準試樣，如鉀、鈉、氯[28]及鋅[2]，但鈣鹽仍難均勻地溶於一般使用的包埋劑，大分子大環聚乙醚如冠狀醚 (crown ether) 可使許多的無機鹽類溶於某些有機溶劑，可惜鋰、鎂、鈣與 macrocyclic polyether 複合體在有機溶劑內不穩定，故難使用於製作這類鹽類之標準試樣[21,22]，Ornberg 與 Reese (1981)[20]以 Araldite epoxy resin 與環烷酸鈣 (calcium naphthenate) 混合製成鈣標準試樣，最近 De Bruijn 實驗室以 Chelex-100 ion chelating resin bead 固定鈣元素作成珠粒狀鈣標準試樣。作者亦以環烷酸鈣 (calcium napthenate) 與 Spurr's medium 作成鈣的標準試樣[31]。

2.冷凍切片用標準試樣

　　爲配合冷凍切片製作，利用溶於水的大分子有機物加入適當元素置於試樣周圍，不但可使標準試樣與生物試樣同時切片作比較，並可防止生物試樣結冰，當然額外再加抗凍劑亦可。常用的有機物有膠質 (gelatin)、白蛋白 (albumin)、多醣 (dextran)、蔗糖、polyvinyl　pyrrolidone 及羥烯澱粉 (hydroxyethyl starch)。選擇這些標準濃度試樣時要注意 K^+ 與 Ca^{++} 濃度須低於生物試樣，以及所用有機物不可改變生物試樣內生理功能。

　　利用有機物質作生物試樣冷凍切片的元素標準濃度，生物試樣與標準試樣同時處理，同時在相同條件下分析、有機物兼當抗凍劑並可符合冷凍乾燥試樣及冷凍切片的某些特殊需求，因而可得到相當理想的定量分析結果。

㈣ X 光積分與元素濃度換算

　　在高速電子撞擊下，某一試樣特定元素所產生特性 X 光的能值 (energy values) 係與該元素在樣品內之數目成正比，此能值與每入射電子產生的 X 光強度 (以每秒爲單位測定) (P) 呈正比關係，而 P 與某元素在樣品內之數目關係可由下式表示：

$$P = WQN_x$$

　P ：特性 X 光強度 (計數值/每秒)

　W ：螢光值

　Q ：切片之游離度

　N_x ：原子數目

　　另一方面當加速的電子撞擊到原子核時，形成彈性散射 (elastic scattering)，加速電子不喪失能量但改變其方向，於是此類電子在原子核的靜電場 (electrostatic field) 繞道並漸漸緩慢下來，能量也以 X 光光子形式漸漸放出，此種 X 光光子並沒有元素的特異性，即爲白輻射 (B)，白輻射與物質內全部原子之數目 (matrix atomic number) 成正比，與加速電壓平方成正比，如所施用電壓一定，則可以下式表示：

$$B = MZ$$

M：總容積

Z：平均原子數目

由於生物材料單位質量內的平均原子數目 (Z) 是一定常數，因而白輻射 (B) 與總容積 (M) 成正比，亦即與試樣切片厚度成正比。

生物試樣切片的某一元素濃度 (Cx) 可由 P 與 B 的比值來求得，也可以用 Cx＝KP/B 表示，其中 K 值可由特定元素標準濃度的切片求得。由於這種方式所測出之某元素濃度值不受切片厚度影響，因此切片的實際厚度就不需要去測定了，唯一要注意的是使用弗氏膠膜 (Formvar film) 的影響。

微探儀微量分析法可測定生物試樣內元素含量到 10^{-18} 克，利用此技術來分析塊形 (bulk) 或超薄切片生物樣品的元素濃度，除測定切片上元素濃度之外，亦可觀察超微細構造，因而能了解該元素在活體 (*in vivo*) 的位置並探索其功能[7]。

由於其測定技術的高敏感度，要做到精確的測定必須要注意下列四點：(1)要能分開元素的波峰與背景光譜，重疊的峰也要設法校正。(2)良好的儀器狀況。(3)已知濃度且分布均勻的元素標準試樣。(4)未知試樣內元素濃度在標準試樣濃度可信範圍內。

㈤生物試樣製作

不可否認的，微探分析用的生物性材料之製備是這方面研究的最大難題，傳統的電鏡生物材料，僅足以作組織細胞形態觀察，不能用於作組織細胞內元素的分析，經一般電鏡方法準備的生物材料，其元素殘存率在 40%以下，甚至近乎完全流失[15]，元素流失的原因係固定液與緩衝液的交互作用(初固定的流失最多)。樣品大小、固定時的溫度、固定液種類及濃度均會影響元素在生物樣品中之存留量。

另一個生物材料的問題是相轉換 (phase transformation)，如一些非可溶性鹽變為可溶性，這現象很容易以 X 光繞射法測定出來。

元素位移是最令人頭痛的現象，易使研究工作者得到錯誤的結果而不自知；因所偵測元素不在活體 (*in vivo*) 狀態下，導致錯誤結論。Coleman 與 Terepke (1974) 提出四種方法，用以偵測生物樣品內元素是否發生位移現象：

⑴不正常地在細胞內出現結晶，尤其是磷酸鈣鹽。

⑵以細胞內化學元素特定性分布當指標。

⑶用含該元素之膠質當做模型，測試採行之試料準備方法。

⑷製備樣品方法不同，顯示元素分布的結果不同，則方法可疑。

外界元素污染進入生物試樣也是一個問題，有時誤導觀察結果，也常使人在試料內偵測到奇異的元素而無法解釋，這種現象常是由於細胞外體液或使用的藥液污染到細胞內而產生[15]。下列介紹幾種 X 光分析材料常用的製備方法：

1.**組織化學法** (Histochemical Techniques)

利用沈澱反應將離子固定在原位置是組織化學法的基本原理，如以草酸鉀 (potassium oxalate) 固定組織內的鈣；醋酸銀 (silver acetate) 及乳酸銀 (silver lactate) 固定氯，以上方法的缺點是本身帶原子序較高 (10 以上) 的離子造成干擾，Oxine (8-hydroxyquinoline) 是一個很好的螯合劑 (chelating agent)，不但本身不帶原子序 10 以上之元素，而且可固定組織內的鋁、鈣、鋅、鎘、銀、鎳、鈷、銅、鐵等元素。一般而言，沒有一種絕對的方法可肯定此法準備之試樣內的元素是存在活體狀態，只能以其他方法，加上生化、形態及 X 光分析資料才能證實其可信度[3]。

2.**冷凍置換法** (Freeze substitution)

生物材料經急速冷凍後，組織細胞內的冰在極低溫 ($-80°C$) 下被有機溶劑置換，此法不但能保存細胞形態，且留住元素使之不流失或位移。常用的冷媒有 Freon 22、丙烷 (propane)、氦 (helium)、異戊烷 (isopentane) 及液態氮 (liquid nitrogen)。有機溶劑有丙酮 (acetone)、乙醚 (diethyl ether)、乙醇 (ethanol)、乙二醇 (ethylene glycol)、丙二醇 (propylene glycol)、甲醇 (methanol)、環氧丙烷 (propylene oxide)、正己烷 (n-hexane)、四氫呋喃 (tetraphydrofuran)、純丙烯醛 (pure acrolein)、甲醇/丙烯醛混合物 (methanol/acrolein mixtures)、

丙酮/丙烯醛混合物 (acetone/acrolein mixture)、甘油/水混合物 (glycerol/ water mixtures)。溶劑內加 OsO₄、戊二醛 (glutaraldehyde)、苯醯胺 (ben-zamide)、苦酮酸 (picrolonic acid)、2,6-二硝基酚 (2,6-dinitrophenol)、草酸 (oxalic acid) 或三聚氰酸 (cyanuric acid) 以增加元素的穩定性，其效果則依材料不同而有所差異。不論如何，冷凍置換法的不二法則是快速冷凍及保持無水狀態的操作，乙醚是最好的替代溶液，只可惜它的置換時間長，丙酮則是第二選擇。包埋劑以低稠度樹脂 (low-viscosity resin) 爲佳。冷凍置換法對生物材料內元素的固定有良好的效果[31]，而且不會導致元素之位移，以嵌入元素的洋菜實驗可得證明。用冷凍置換法製作的試樣內元素是一自然理論的分布，化學分析結果元素保留量在 95%以上，甚至 100%，元素分布情形與其他方法 (如冷凍乾燥法) 製備的樣品相仿[15]，細節請參閱第十章。

3.冷凍乾燥法 (Freeze-drying)

以快速冷凍，然後在低溫下讓冰晶直接昇華而達到生物試樣乾燥的效果，雖然此法不能保持良好的細胞微細構造，但在較堅硬的生物材料上應用於測定銅、鉻、砷、鈣、磷、硫等元素則有良好的結果[16,17]，尤其用於培養細胞或懸浮細胞群的製備可保留元素如鈉、硫、氯、鉀、磷，冷凍乾燥操作應(1)快速冷凍；(2)在－60°C及 10⁻³ torr 下乾燥；(3)用 Spurr's resin 在低溫 (－15°C) 包埋；(4)宜採較低 (＋40°C) 溫度固化。

塊形乾燥試樣作微探分析有種種困難，(1)不易作微細細胞分析，因 X 光偵測僅限於試樣面下 4μm 以上的層面，而電子束撞擊大都超過 4μm 厚度以上，因而所得分析資料大都會來自細胞核及細胞質[32]；(2)較輕的元素所產生的 X 光很容易爲試樣本身吸收而無法到達偵測器[26]。

冷凍乾燥試樣經包埋可作超薄切片觀測，而包埋程序則是化學元素留存的重要關鍵。一般以低稠度的 Spurr's resin 利用真空及回壓交互使用達到包埋的目的[15]，而所得樣品必須以乾切取得切片，如有需要得用乾染，請參閱第十章。

4.冷凍切片法 (Cryo-ultramicrotomy)

冷凍切片法可分兩種：初固定材料 (prefixed specimens) 冷凍切片與未經

固定的新鮮材料冷凍切片。前法係將試樣經簡單的初固定 (如戊二醛) 後迅速冷凍及切片，它具有較好的細胞微細構造而且節省大量的時間，細胞化學及電子微探儀共用，可探測酵素或非酵素反應產物，在細胞化學上極為有用，但不適用於偵測細胞內元素分析[8]。後法係新鮮材料快速冷凍後切片。

　　雖然冷凍切片可保存相當數量的細胞內元素，但其對細胞微細構造的保存不理想，因而在過去的研究中，冷凍切片法僅是微探分析試樣準備所能選擇的第二種方法[3,4,5]。不論如何，由於近年來冷凍切片技術的快速進步，此法已成功地使用於細胞內的鈉、磷、硫、氯、鉀、鈣、鋅、鎂、矽等元素的偵測[4,27]，請參閱第十章。

㈥電子微探儀分析生物試樣的一些困難

　　電子微探儀應用於分析生物試樣乃近年來發展的生物科技，目前尚面臨一些問題有待解決：(1)低計數率的計數誤差及統計誤差仍然存在；(2)生物有機體對電子束的敏感及破壞；(3)理想而可信賴的標準濃度試樣仍然欠缺；(4)生物體內大量低原子序元素 (包括 C、H、O、N) 尚無法偵測；(5)生物體內元素分布並非呈均一性，每部位變異很大，因而要得到結論必須作大規模的觀察。

六、結論

　　由於試樣製備技術的不斷發展，電子微探技術應用於生物材料已有很好的成果，它融合形態觀察及化學分析於一體，且具有高敏感度，得以觀測生物的成分元素活體位置，往後將對細胞學及細胞化學研究有重要影響。然生物試樣的製備仍有許多困難尚待克服。另外，細胞間元素分布變異極大，必須利用統計分析解釋結果，才能得到正確的結論。

參考文獻

1. Chander, J. A. 1972. An introduction to analytical electron microscopy. Micron., 3 : 85-92.

2. Chander, J. A. 1976. A method for preparing absolute standards for quantitative calibration and measurement of section thickness with X-ray microanalysis of biological ultrathin specimens in EMMA, J. Micros., 106(3) : 291-301.

3. Chander, J. A. 1978. The applicationof X-ray microanalysis in TEM to the study of ultrathin biological specimens－A review. In: Electron Probe Microanalysis in Biology (D. A. Eramus, ed.), pp.37-93. Chapman and Hall, London; John Wiley and Sons, New York.

4. Chandler J. A. and S. Battersby. 1976a. X-ray microanalysis of ultrathin frozen and freeze-dried sections of human sperm cells, J. Microsc., 107(1) : 55-65.

5. Chandler, J. A. and S. Battersby. 1976b. X-ray microanalysis of zinc and calcium in ultrathin sections of human sperm cells, using the pyroantimonate technique, J. Histochem. Cytochem., 24 : 740-748.

6. Chou, C. K., J. A. Chandler and R. A. Preston. 1973. Microdistribution of metal elements in wood impregnated with a Cu-Cr-As preservative as determined by analytical electron microscopy. Wood Science and Tech., 7 : 151-160.

7. Erasmus, D. A. 1978. Introduction. In: Electron Probe Microanalysis in Biology (D. A. Erasmus, ed), pp.1-4, Chapman and Hall, London: John Wiley and Sons, New York.

8. Griffiths, G., A. McDowall, R. Back and J. Dubochet. 1986. On the preparation of cryosections for immunocytochemistry. Reichert-Jung Scientific Instruments Division.

9. Hall, T. A. 1972. X-ray microanalysis in biology : Quantitation. Micron., 3 : 93-97.

10. Hall, T. A. 1975. Methods of quantitative analysis, J. Microscopie Biol. Cell., 22 : 271-282.

11. Harvey, D. M. R., J. L. All and T. J. Flowers. 1976. The use of freeze-substitution in the preparation of plant tissue for ion localization

studies, J. Microscopy, 107(2) : 189-198.

12. Marshall, A. T. 1980. Sections of freeze-substituted specimens. In: X-ray Microanalysis in Biology (M. A. Hayat, ed.), Chap. 5, pp.207-239. University Park Press, Baltimore.

13. Marshall, D. J. and T. A. Hall. 1986. Electron-probe X-ray microanalysis of thin films. Brit, J. Appl. Phys., 1 : 1651-1656.

14. Moreton, R. B. 1981. Electron-probe X-ray microanalysis: Techniques and recent applications in biology. Biol. Rev., 56 : 409-461.

15. Morgan, A. J. 1980. Preparation of specimens changes in chemical integrity.In: X-ray Microanalsis in Biology (M. A. Hayat, ed.), pp.65-165. University Park Press, Baltimore.

16. Morgan, A. J. (Au.& Ed.) 1985. X-ray Microanalysis in Electron Microscopy for Biologists. Oxford University Press, Royal Microscopical Society, London.

17. Nichonson, W. A. P. and J. Schreiber. 1975. Electron microprobe microanalysis in the electron. Microscope, J. Microscopic Biol. Cell, 22 : 169-176.

18. Nicholson, W. A. P., B.A. Ashton, H. J. Hohling, P. Quint, J. Schreiber, I. K. Ashton and A. Boyde. 1977. Electron microprobe investigations into the process of hard tissue formation. Cell and Tissue Research, 177 : 331-345.

19. Ornberg, R. L. and T. S. Reese. 1980. A freeze-substitution method for localizing divalent cations: Examples from secretory systems. Fed. Proc., 39 : 2802-2808.

20. Ornberg, R. and T. Reese. 1981. Quick freezing and freeze substitution for X-ray microanalysis of calcium. In : Microprobe Analysis of Biological Systems (T.E. Hutchinson and A.P. Somlyo, eds.), pp.213-223, Academic Press, New York, London, Toronto, Sydney, San Francisco.

21. Pallaghy, C. K. 1973. Electron probe microanalysis of potassium and chloride in freeze-substituted leaf sections of Zea mays. Aust, J. Biol.

Sci., 26 : 1015-1034.

22. Pedersen, C. J. 1967a. Cyclic polyethers and their complexes with metal salts, J. Amer. Chem. Soc., 89(10) : 2495-2496.

23. Pedersen, C. J. 1967b. Cyclic polyethers and their complexes with metal salts, J. Amer. Chem. Soc., 89(26) : 7017-7036.

24. Posteck, M. T., K. S. Howard, A. H. Johnson and K. L. M. Michael. 1980. X-ray analysis. In: Scanning Electron Microscopy－a student handbook. (M. T. Postek,ed.), pp. 69-113. Chap.4, Ladd Research Industries, Ins, Baltimore.

25. Roomans, G. M. 1980. Quantitative X-ray microanalysis of thin section. In:X-ray Microanalysis in Biology (M. A. Hayat, ed.), pp.401-453. University Park Press, Baltimore.

26. Russ, J. C. 1978. Electron probe X-ray microanalysis principles. In: Electron Probe Microanalysis in Biology (D. A. Erasmus, ed.), pp.5-36. Chapman and Hall Ltd., John Wiley and Sons, New York.

27. Sjostrom, M. and L. E. Thronel. 1975. Preparing sections of skeletal muscle for transmission electron analytical microscopy (TEAM) of diffusible elements, J. Micros., 103 : 101-112.

28. Spurr, A. R. 1972. Freeze-substitution additives for sodium and calcium retention in cells studied by X-ray analytical electron microscopy. Bot. Gaz.,133(3): 263-270.

29. Spurr, A. R. 1975. Choice and preparation of standards for X-ray microanalysis of biological materials with special reference to macrocyclic polyether complexes. Journel de Microscopie and Biologie Cellulaire, 22 : 287-302.

30. Woolley, D. M. 1974. Freeze-substitution: A method for the rapid arrest and chemical fixation of speramtozoa, J. Microscopy., 101(3) : 245-2260.

31. Yang, J. S. 1986. Changes in the calcium distribution of cortex cells of ' McIntosh' apples during ripening. Ph. D. thesis. Cornell University, New York.

32. Zs-Nagy, I., C. Pieri, C. Giuli, C. Bertoni-Freddari and V. Zs-Nagy. 1977. Energy-dispersive X-ray microanalysis of the electrolytes in bioloical bulk specimen. I. Specimen preparation, beam penetation, and quantitative analysis, J. Ultrastruct. Res., 58 : 22-33.

（註：本章摘自文獻 16.之資料，已獲 Oxford University Press 同意，謹此致謝。）

附　錄

「科儀新知」相關文獻一覽表(第一卷至第十二卷)

篇　　名	作　者	卷期	頁數
掃描穿透式電子顯微鏡(STEM)	陳澤澎	3-2	31
電子顯微鏡的運用與運作	莊振益	3-2	37
掃描式電子顯微鏡生物標本製作	林良平	3-2	43
穿透式電子顯微鏡金屬試樣製作	蔡永松	3-2	52
簡介 AES, EELS, WDS —— 幾種附設在電子顯微鏡上的分析儀器	莊振益	3-2	55
各廠牌 TEM、混合型 EM、SEM 等各儀器主要性能比較表	編輯室	3-2	80
掃描穿透式電子顯微鏡的應用	陳力俊	4-2	70
掃描式電子顯微鏡	陳力俊	5-2	93
電子顯微鏡在地球科學上之應用	沈博彥等	6-2	63
掃描式電子顯微鏡——電子微探儀(SEM-EPMA)之原理及其在電鍍與腐蝕工程上的應用	張一熙等	6-2	70
電子顯微鏡在生命科學上的應用	吳信淦	6-2	83
電子顯微鏡在材料科學上的應用	陳力俊	6-3	67
電子探針微區分析儀(EPMA)	呂登復	6-3	75
電子顯微鏡之醫學應用	許輝吉	7-1	13
掃描式電子顯微鏡在高分子材料的應用	張榮華等	9-6	22
微孔薄膜製作方法及技巧 —— 介紹一種承載 TEM 樣品的方法	陳式千	10-5	90
掃描式電子顯微鏡之原理及功能(上)(下)	李驊登	11-1 11-2	44 50
電子顯微鏡之維護與保養	廖福生等	11-4	19

索　引

I. 英文名詞索引

A

Absolute acetone 無水丙酮　136

Accelerating voltage 加速電壓　6, 14-15, 55, 124-125, 205, 211, 219, 225, 227

Accelerator 加速劑　33

Acetic acid 醋酸　56-58, 64-65, 135-137, 141, 156-157, 165, 195, 229

Acetone 丙酮　32-37, 43, 118, 123, 136-137, 173, 176, 180, 229-230

Acetone/acrolein mixture 丙酮/丙烯醛混合液　230

Acetylation 乙醯化　136-137

Acrolein 丙烯醛　28, 138, 141, 176-177, 180-181, 229-230

Affinity column 親和性管柱　150

Agar 洋菜膠　35, 178

Air drying 空氣乾燥　118

Airy disk 埃氏光環　4, 11

Albumin 白蛋白　151, 226-227

Aldehyde 醛類　28, 30, 36, 89, 118, 136-141, 154, 156, 173, 176, 194, 230

Aldehyde group 醛基　28, 138, 140-141

Aldol condensation 醛醇縮合作用　28

Alizarin 茜素　176

Amino group 胺基　138

Ammonium sulfate 硫酸銨　139

Amplifier 擴大器　217, 220

Amyl acetate 乙酸戊酯　44, 99

An array of short lines 短線排列法　200-201

Angular aperture 角孔徑　4

Anti-contamination cold trap 抗污冷凝阱　226

Anticontaminator 抗污裝置　9

Apatite 磷灰石　226

Aperture 孔徑　4, 8, 11, 14-15, 17-18, 43, 55, 126-127, 138, 224

Aquon 水和塑脂　34

Arm 標本臂　45, 49, 52, 180

Artifacts 偽像　171, 173, 181, 218, 220-221

Ascorbic acid 維生素 C　167-168

Astigmatism 像散　8-9, 11, 13-14, 17, 19-20, 126, 129

Auger electron 歐傑電子　111, 212-213

Auto focus 自動對焦　113, 124

Autolysis 自溶作用　27, 31

Autoradiography 自動放射顯像術　138, 161-164, 181

Auxiliary excitation 輔助激發源　211

B

Background counts 背景計數　220

Background radiation 背景輻射 213

Background signal 背景訊號 223

Background substraction 背景光譜消除法 223

Backing 蒸鑄 76, 79, 94, 98, 100

Backscattered electron 背向散射電子 5, 111-112, 113, 115, 146, 211, 213, 224

Backscattered Electron Image, BEI 背向散射電子影像 113, 115, 146

Beam current 燈絲電流 124

Beam tilt 電子束傾斜裝置 17

Beem capsules 膠囊 35, 49

Bell jar 鐘罩 66-68, 75

Benzamide 苯醯胺 176, 230

Beryllium window 鈹屏 219

Bias voltage 偏壓 217

Bi-directional shadowing 雙向投影 76-77

Biomembrane 生物胞膜 85, 101-102

Biomolecules 生物分子 63, 76

Bismuth subnitrate 鹼式硝酸鉍 141

Block trimming 樣品塊修整 41-42, 52

Borax 硼砂 138-139, 152-153

Borax buffer 硼砂緩衝液 152-153

Boric acid 硼酸 139, 168

Borohydride reduction 氫硼化物還原反應 136

Bovine serum albumin 牛血清白蛋白 151, 226

Bremsstrahlung 制動輻射 213

Buffer 緩衝溶液 26, 30-31, 36, 137, 141, 152, 156, 194

Buffered ethanolic periodic acid reagent 乙醇過碘酸試劑 141

Butyl benzene 丁基苯 92

C

Cacodylate buffer 二甲胂緩衝液 26, 156, 194

Cadmium iodide 碘化鎘 64-65

Calcium naphthenate 萘酸鈣 226

Camera 相機 10

Carbon film 碳膜 43-44, 66, 68-69, 98, 165

Cartographer wheel 繪圖儀輪法 200

Cathodoluminescence 陰極螢光 206, 212

Cell osmolarity 細胞內滲透壓 172

Cell viability 細胞活性 165, 172

Cellulose acetate 纖維素乙酸酯 152

Characteristic X-rays 特性 X 光 212, 227

Charging 充電 119

Chelating agent 螯合劑 229

Chemical fixation 化學固定 25, 30-31, 85, 118, 154, 156, 171, 183

Chloroform 氯仿 148

Chloroplast 葉綠體 28, 103

Chromatic aberration 色像差 11-12

Chromic acid 鉻酸 99, 148

Circle of minimum confusion 最小模糊圈 11-12

Citrate-tannic acid 檸檬酸-丹寧酸 148-149

Cleaning 清洗 44, 57-59, 79-80, 85, 98-101, 137-140

Clearance angle 傾斜角度 49, 52, 130, 185

Coating 覆膜　117, 119-123, 166, 174

Cold-trap 冷凝阱　79, 226

Collodion 膠棉　44, 99

Colloidal gold 膠體金　145-153, 156

Column 鏡柱　6, 9-10, 13, 15, 112, 114, 150

Complementary replicas 互補複製模片　98

Concentration calculation 濃度換算　227

Condenser aperture 聚光鏡孔徑　224

Condenser current 聚光鏡電流　126, 128

Condenser lens 聚光鏡　7-8, 14-15, 126, 128, 224

Confidence limit 可信限度　199

Contamination 污染　8-9, 34, 68-69, 98, 100, 120, 124, 138, 148, 182, 217, 222, 226, 229

Continuum map 背景圖譜　223

Continuum X-rays 連續 X 光　213, 218

Contour length 外圍長度　200

Contrast 對比, 對比度　3-4, 8, 17-19, 21, 52, 54-56, 63-65, 71, 77, 98, 113, 126, 135, 157, 165, 192-193, 200, 204-205

Cooling system 冷卻系統　6, 123

Copper grid 銅網　41, 43, 45, 50-51, 57, 59, 66-69, 74, 79, 99, 149, 156, 185, 195

Count rate 計數率　215, 218, 220-221, 225, 231

Counts 計數　161, 218, 220-221, 223, 225, 231, 227

Crest 波峰　4, 185, 215, 219-225, 228

Critical point 臨界點　118-120, 122-123

Critical point drying 臨界點乾燥法　118

Critical pressure 臨界壓力　122-123

Critical temperature 臨界溫度　122

Cross linkage 交錯結合　25, 28, 33

Crown ether 冠狀醚　226

CRT 螢光幕　112-113, 126, 223

Cryofixation 冷凍固定　25, 85, 87, 89-91, 93, 96-98, 145, 154, 179

Cryogen 冷凍劑　89-92

Cryo-jet freezer 噴射冷凍儀　92-93, 97-98

Cryomicrotom 冷凍切片機　183, 185

Cryo-preservation 冷凍保存　154

Cryoprotectant 抗凍劑　88-89, 171, 173, 175, 182, 227

Cryoprotection 冷凍保護　88, 90, 92

Cryosection 冷凍切片　145, 154, 156, 181-185, 226-227, 230-231

Cryoultramicrotome 冷凍超薄切片機　183, 185

Cryo-ultramicrotomy 冷凍超薄切片術　230

Crystal calibration standard 標準校正晶體　226

Current center 電流中心　15-17

Cyanuric acid 三聚氰酸　176, 230

Cytochemistry 細胞化學　34, 135-136, 211, 231

Cytoplasm 細胞質　27-28, 88, 101, 103-104, 196, 200-201, 205, 230

D

Dead-time 停頓時間　221

Dead-time correction circuitry 停頓時間校正電路裝置　221

Deconvolution of peak overlaps 重疊波峰

解析　223

Defocus 錯焦　17, 21, 55

Dehydration 脫水　25, 31-32, 34-35, 79,
　117-118, 123, 135-139, 141, 154, 156,
　171, 173-174, 181, 194-195, 213

Dehydration by organic solvent 溶劑脫水
　173

Depth of field 景深　54, 111, 124, 126-127,
　130

Depth of focus 焦深　19

Detector 偵測器　112-113, 115, 161, 213,
　215-218, 220-221, 225, 230

Development 顯影　10, 55, 163-164, 166-
　168

Dewar 保溫杯　176, 178, 217

Dextran 多醣　135, 138, 140, 226-227

Diamond knife 鑽石刀　45

1,2-dichloroethane 1,2-二氯乙烷　44

Diester crosslinkage 雙酯鍵結　29

Diethyl ether 乙醚　176, 180-181, 226,
　229-230

Diffraction 繞射　4,17, 216, 228

Diffusion pump 擴散式唧筒　10-11, 13,
　67-68, 93

Dimethyl dichlorosilane 二甲基二氯矽烷
　148

Dimethyl sulfoxide, DMSO 二甲亞碸　88,
　171, 173, 175

Dimethylformamide 二甲基甲醯胺　171

2,6-dinitrophenol 2,6-二硝基酚　176, 230

Dipping technique 浸入法　166

Display system 顯像系統　111

Distribution maps 元素分布圖譜　217

Double staining 雙重染色　56-57

Drop method 滴染法　44, 69

Dry section 乾切　180, 182, 230

Dry staining 乾染　230

Drying 乾燥　32, 78-79, 117-120, 122-123,
　149, 166-167, 173, 180-182, 185, 214,
　227, 230

Dull side 粗糙面　43, 45

Durcupan 杜柯塑脂　34

Dynamic focus 動態變焦　113, 126, 130

E

EDS pulse-processing spectral artifacts
　能量光譜儀光譜脈衝偽像　220

Elastic scattering 彈性散射　211, 227

Electrolyte 電解質　152, 226

Electrolytes solution 電解質溶液　226

Electromagnetic lens 電磁透鏡　3, 8, 11,
　13, 111-112, 126

Electromagnetic signal 電磁訊號　217

Electromagnetic waves 電磁波　211

Electron beam 電子束　7-9, 14-15, 17, 25,
　33, 43, 65-66, 72, 94, 111-113, 117, 119,
　126, 130, 205, 211-215, 217-218, 220-
　221, 223, 225-226, 230-231

Electron beam gun 電子蒸鍍槍　72, 74,
　80, 94

Electron gun 電子槍　7-8, 14-15, 72-73,
　111

Electron probe 電子探束　111-113, 124,
　126

Electron Probe Microanalyzer, EPMA 電
　子微探分析儀　5

Electron wave 電子波　5

Electronic signal 電子訊號　112, 217-218

Electronic system 電路系統　6, 14

Electrostatic field 靜電場　213, 227

Element contamination 元素離子干擾 222

Element redistribution 元素位移　174, 176, 229

Embedding 包埋　25, 28, 31-37, 41-42, 49, 52, 118, 135-139, 141, 154-156, 174, 176, 180-182, 184, 194-195, 226, 230

Embedding medium 包埋劑　25, 31-35, 42, 135, 174, 180-182, 226, 230

Emitted 濺出　212

Empty magnification 無效放大倍率　4

Endoplasmic reticulum 內質網　28, 30, 86, 103, 196

Energetic ion beams 離子束　211

Energy dispersive detector 能量偵測儀 213

Energy Dispersive Spectrometer, EDS 能量光譜儀　215, 217-218, 220-221, 223

Energy resolution 能量解析度　218, 220

Energy spectra 能量光譜　215, 217-218, 220-221, 223

Energy transfer 能量轉移　211

Energy values 能值　227

Epoxy resin 環氧樹脂　33, 137-139, 141, 154, 226

Etching 蝕刻　85, 93, 96, 98, 104, 155-156

Ethane 乙烷　44, 174

Ethanol 酒精　32-36, 43, 56, 118, 123, 137-139, 141, 156, 166, 173, 177, 182, 195, 229

Ethylene 乙烯　88, 171, 173-174, 229

Ethylene glycol 乙二醇　88, 171, 173, 229

Excess energy 多餘能量　212

Excitation 激發　211-212, 219, 224

Extaneous signals 干擾訊號　217

Extraplasmic Fracture Face, EF 胞外頁裂面　103, 105

Extraplasmic Surface, ES 胞外頁表面 103

F

Families of X-ray X 光光譜族群　221

Fano factor 汎諾常數　218

Ferritin 鐵蛋白　63, 145

Feulgen-Schiff-Thallium methylate 福爾根-席夫-三甲基鉈法　137

Field Effect Transistor, FET 場效電晶體 217, 221

Filament 燈絲　7-8, 11, 14, 104, 124

Fix 定影　10, 25, 31, 85, 165, 167-168, 230

Fixation 固定　25-32, 45, 49, 52, 56, 72, 79, 85, 87, 89-93, 96-99, 117-120, 123-124, 135-139, 141, 145, 154-156, 163, 166, 171, 173, 176, 179, 181, 183, 194, 196, 205, 213, 222, 226, 228-231

Fixtive 固定液　25-28, 30-31, 194, 228

Flat embedding 平板包埋　35, 49

Float method 漂染法　69

Fluid mosaic model 液性鑲嵌模型　101-102

Fluorescent screen 螢光板　9-10, 14, 16-17, 19, 135

Focusing 對焦   10, 17, 19-21, 55, 113, 124, 126, 130, 152, 207

Formaldehyde 甲醛   28, 137, 139, 141, 173, 176

Formic acid 甲酸   139

Formvar 弗氏劑   44, 66, 180

Formvar film 弗氏膠膜   149, 155, 185, 195, 228

Fracture face 斷裂面   85, 97-98, 101

Fracturing 斷裂   41, 45-47, 76, 81, 85, 93, 95-98, 101-102, 104

Freeze 冷凍   25, 46, 76, 81, 85-93, 96-99, 101-102, 104, 118-119, 145, 154, 156, 171-174, 176-185, 214, 226-227, 229-231

Freeze-drying 冷凍乾燥   118-119, 181-182, 185, 214, 227, 230

Freeze-etch 冷凍蝕刻 85, 104

Freeze etching apparatus 冰蝕儀   93-95, 98

Freeze-fracture 冷凍斷裂   76, 81, 85, 97, 101-102, 104

Freeze-fractured replica 冷凍斷裂複製模片   76

Freeze replication 冷凍鑄模   173

Freeze substitution 冷凍置換法   174, 176-178, 180-181, 229-230

Freeze technique 冷凍技術   171-173

Freon 氟氯烷   89

Frequency distribution of organelle 胞器出現頻度   202, 204

Fresnel fringe method 伏氏緣紋法   17, 20

Full Width of a peak at Half its Maximum height, FWHM 半峰寬度   218

G

Gaussian 高斯定律   218

Geiger counter 蓋氏計數器   161

Gelatin 明膠   163, 166, 198, 226-227

Gel-filled combination 填膠組合   152

Glasier's plier 製刀鉗   45

Glass knife 玻璃刀   41, 45, 47-49

Glutaraldehyde 戊二醛   28-31, 36, 89, 118, 136-137, 139, 141, 154, 156, 173, 176, 194, 230-231

Glycerol 甘油   88, 154, 173, 175, 230

Glycerol/water mixtures 甘油/水混合物   230

Glycogen rosettes 甘醣體   205

Glycol methacrylate 丙烯酸乙二酯   34

Golgi complex 高爾基體   28, 103

Grids 試樣網   43, 137, 139-141, 155, 166-168, , 222-225

Gun crossover 電子束交叉   8

H

Half-distance 半距   163

Hardener 硬化劑   33

Helium 氦   90, 176, 229

Hematoxylin 蘇木色素   135

High bias voltage 高偏壓   217

High count rate 高偵測率   215

High-pressure freezing method 高壓冷凍法   93

Higher sensitivity 高靈敏度   215

Highly quantitative 準確定量   215

Highly resolution 高解析度　215

Histochemical　techniques　組織化學法　181, 229

Histochemistry 組織化學　34, 181, 229

Holly film 多孔膜　17, 20

Hydroxyethyl starch 羥烯澱粉　226-227

Hydroxyl group 羥基　137, 140

I

Ice crystal 冰晶,　87-93, 171-175, 183, 217, 230

Illuminating system 照明系統　4, 6-7

Image forming system 呈像系統　6, 8

Image processing 影像處理　113

Image translating system 影像轉換系統　6, 9

Imidazole 咪唑　138

Immersion 浸泡　27, 30, 32, 34, 43, 99-100, 118, 139, 148, 178

Immunoglobulin IgG 免疫球蛋白　146

In vivo 活體　85, 228-229, 231

Incipient film boiling 薄膜沸騰狀態　174

Indium trichloride 三氯化銦　136-137

Inelastic scattering 非彈性散射　211

Infiltration 滲透　25-28, 33-35, 171, 180, 182, 194

Inorganic materials 無機物　226

Inorganic resin mixtures 無機樹脂混合物　226

Integration 積分　224, 227

Interaction volume 作用體積　111-112

Interference 干涉　4, 17, 194

Intermediate lens 中間鏡　8

Interplanar spacing of a crystal 晶體介面空間　216

Ion coater 離子覆膜機　191-121

Ion concentration 離子濃度　150, 172-173

Ionize 游離　212, 215, 227

Isopentane 異戊烷　175-176, 229

J

Just focus 正焦　17, 20

K

Keratohyalin granule　角質透明蛋白顆粒　136

Knife maker 製刀機　46-47

Knife stage 刀座　45, 49-50, 52, 93

L

Lead carbonate 碳酸鉛　58-59

Lead citrate 檸檬酸鉛　56-59, 135, 165, 195

Lead nitrate 硝酸鉛　57

Lectins 外源凝集素　140, 145-146, 149

Lens aberratoins 像差　11-13, 17

Light pipe 光管　112

Line drawing method 線曳法　17, 19

Line scans 線掃描　217

Lipid bilayer 脂雙層　28, 30, 101-102

Liquid helium 液態氦　90, 176

Liquid nitrogen 液態氮　9, 89-93, 174-176, 180, 182, 184-185, 217, 229

Lithium borohydride 氫硼化鋰　136

Loop technique 圈環法　166

Low angle rotary shadowing 低角度旋轉
　投影　76

Low-viscosity resin 低稠度樹脂　230

Lysosome 溶素體　27, 196, 201

M

Macrocyclic polyether complexes 大環聚
　乙醚複合物　226

Magnification　放大倍率　3, 4, 17, 113,
　116, 127-128, 197-198, 200-201

Main body 主體　4, 6, 111

Mass thickness 質量厚度　54, 223

Mast cell granule 巨大細胞顆粒　136

Matrix　atomic　number　基質原子數目
　227

Matter wave 物質波　5

Maximum useful magnification 最大有效
　放大倍率　4

Mean free distance 平均自由徑　10

Mean profile area 平均面積法　206

Mean profile area-perimeter ratio 面積/
　周長比率法　206

Measurement by lineal analysis 線測法
　196

Measurement by micrograph weighing 紙
　重法　196

Measurement　by　planimetry　面測法
　196

Measurement by point counting 點測法
　196-197, 199

Mechanical advance 機械推進　45-46

Metal block freezing method 金屬台冷凍
　法　90

Methacrylate 甲基丙烯酸　33-34

Methanol 甲醇　56, 58, 99-100, 229

Methanol/acrolein mixtures 甲醇/丙烯醛
　混合物　229

Methenamine 六亞甲四胺　139-140

2-methylbutane 2-甲基丁烷　176

Microdroplets 微滴　226

Microfilament 微絲　104

Microtubule 微小管　27, 30, 104

Minimal Sample Size, MSS 最小樣品數
　200

Mitochondrion　粒線體　28, 63, 86, 103,
　173, 196, 198-199, 201, 203

Molecular sieve 分子篩　180

Monochromatic laser beams 同步雷射束
　211

Movable aperture 可變孔徑　8, 15, 17-18,
　126

Multichannel　analyzer　多頻道分析儀
　221

Myelin sheath 髓鞘　29

N

Negative staining 負染色　55, 63-67, 69-
　70, 74, 76

n-hexane 正己烷　229

Nitrogen slush 氮泥　89-90, 175, 180

Noise 雜訊　217, 220

Non-specific 非專一性　136, 156

Nuclear membrane 核膜　28, 103

Nucleate boiling 核心沸騰　174

Nucleating sites 反應核心　174

Nucleoplasm 核質　28

Number of points to be pointed 採用點數 198-201

O

Objective aperture 物鏡孔徑　17, 55, 126-127, 224

Objective lens 物鏡　8-9, 15, 17-20, 55, 126-127, 224

Objective movable aperture 物鏡可變孔徑 8, 17-18, 126

One-directional shadowing 單向投影 75-77, 98-99

Order of diffraction 繞射係數　216

Organelle number 胞器數目　192-193, 202

Organic-electrolyte mixtures 有機電解質 混合物　226

Osmium 鋨　28, 36, 56, 137, 173

Osmium tetraoxide 四氧化鋨　28-29, 56, 154-156, 176, 194

Osmolarity 滲透壓　26, 194

Over focus 焦後　15, 17, 20, 55, 207

Oxalic acid 草酸　64, 176, 229-230

P

Parafilm paper 石蠟紙　45, 155

Pararosaniline 副品紅鹼　137

Pararosaniline hydrochloride 鹽酸副薔薇苯胺　137

Partial film 薄膜狀態　174

Particle diameter 顆粒直徑　193

Peak identification 波峰鑑定　221

Peak intensity measurement 波峰強度測定　223-224

Perfusion 灌流　30-31

Periodic acid 過碘酸　140-141, 154-156

Periodic acid-alkaline bismuth 過碘酸鹼式鉍　141

Phase transformation 相轉換　228

Phenol 酚　138, 168, 176, 230

Phosphate buffer 磷酸緩衝液　26, 137

Phospholipid 磷脂　101, 136, 138

Phosphotungstic Acid, PTA 磷鎢酸　64-65, 139

Photomultiplier 光放大器　112

Picolonic acid 苦酮酸　176, 230

Pile-up rejector 疊積排除器　221

Planimetry 測面儀　195-196

Plasma membrane 細胞膜　28, 86, 99, 103-105, 172, 200

Plastic film 塑膠膜　43-45

Plasticizer 可塑劑　33

Platinum wire loop 白金線圈　79-80, 99

Plunge freezing method 浸入冷凍法　89, 91

p-methylaminophenol sulfate 對甲基胺基酚硫酸酯　168

Polyacrylamide isoelectric focusing 聚丙烯醯胺等電聚焦　152

Poly carbonate 聚碳酸脂　152

Positive staining 正染色　55, 63, 65

Post-fixation 後固定　31, 137

Post-shadowing replication 後投影鑄模 78, 79

Potassium metabisulphite 焦亞硫酸鉀 137

Potassium oxalate 草酸鉀 229

Potassium permanganate 過錳酸鉀 29

Potassium sodium tartrate 酒石酸鈉鉀 141

Pre-amplifier 初階放大器 220

Precision trimming 微修整 41, 49

Pre-fixation 初固定 31, 89, 194, 228, 230-231

Prefixed specimens 初固定材料 230

Pre-shadowing replication 前投影鑄模 78, 79

Primary antibody 初級抗體 145, 156

Profile aixal ratios 軸長比率法 206

Progressive mean 漸進平均值 199

Projected image 投射影像 192

Projector lens 投射鏡 8, 10

Propane 丙烷 34-35, 89-92, 139, 174-176, 178, 180, 182, 185, 229

Propane jet freezing method 丙烷噴射冷凍法 90, 92

Propylene 丙烯 28, 33-34, 138-139, 141, 152, 154, 174, 176, 180-181, 229-230

Propylene glycol 丙二醇 229

Propylene oxide 環氧丙烷 33-35, 139, 229

Protein A A 蛋白 145, 149

Protoplasmic Fracture Face, PF 胞質頁裂面 103-105

Protoplasmic Surface, PS 胞質頁表面 103-104

Pulse pile-up 脈衝疊積 220-221

Pulse pile-up discrimination 脈衝疊積區別 221

Pulse-processing spectral artifacts 脈衝偽像 220

Pulse-processor 脈衝解析器 220-221

Pyridine 吡啶 136-137

Pyridine-acetic anhydride 吡啶乙酸酐 136

Q

Quantitative analysis 定量分析 213, 223, 227

Quantitative extrapolative method 外推定量法 191

Quartz crystal film thickness monitor 石英薄膜厚度測量器 94-96

Quench liquid 驟冷液 174-176, 180

R

Radiography 放射顯像術 138, 161-164, 181

Random arrays of points 隨機佈點法 198

Real-time 執行時間 221

Recombination 重組 191, 205-206, 211

Reconstruction method 重組法 191

Recrystallization 再結晶 87-88, 92, 172

Recrystallization point 再結晶點 87-88, 92

Reflux condensor 回流冷凝器 149

Refractive index 折射率 4

Regular arrays of points 規則列點法 197-198

Relative Standard Error, RSE 相對標準差

198

Replica 複製模片　63, 76, 78-80, 85-86, 96, 98-101, 104, 173

Replication 鑄模　63, 67, 76, 78-81, 85, 93, 95, 97, 111, 173

Resin 樹脂　33, 35, 37, 137-139, 141, 154, 156, 175, 180, 226, 230

Resolution 解析度　3, 161, 215

Resolving power 解像力　3-5, 11, 13, 17, 19, 54, 63, 65, 72-74, 111, 113, 124-126, 128, 163-165, 167

Ribbon 長帶　41, 48, 50-51

Ribosome 核醣體　63, 205

Rinsing 清洗　44, 57-59, 79, 80, 85, 98-101, 137-140

Rotary pump 迴轉式唧筒　10-11, 13, 67-68, 93, 120

Rotary shadowing 旋轉投影　76-77, 98-99

Rough trimming 粗修整　41

S

Saline 鹽水　226

Sample stability 試樣穩定性　225

Sampling 試樣選取　195

Saturation point 飽和點　14, 124

Scanning coils 掃描線圈　112

Scanning Electron Microscope, SEM 掃描式電子顯微鏡　5, 76, 111-114, 116-118, 120, 123-124, 126, 128, 181, 206, 212, 214-215

Scanning Transmission Electron Microscope, STEM 掃描穿透式電子顯微鏡　5, 181, 214-215

Scattered electron 散射電子　5, 11, 18, 111-113, 115, 146, 211, 213, 224

Scintillation counter 閃爍計數器　161

Scintillator 閃爍器　112-113, 115

Secondary antibody 二次抗體　145-146, 156

Secondary electron 二次電子　5, 111-113, 115, 119, 124, 211-213

Secondary Electron Image, SEI 二次電子影像　113, 115, 146

Secondary fluorescence 次級螢光　224

Section thickness 切片厚度　45-46, 50, 54, 164, 184, 192-194, 199, 201-202, 204-206, 228

Sectioning 切片　25, 32, 35, 41, 43, 45-46, 48-54, 56-59, 63, 85, 118, 135, 137-139, 141-142, 145, 154-156, 161, 164-166, 171, 174, 180-185, 191-195, 199-207, 214, 223, 226-228, 230-231

Self-clamping forceps 自夾式鑷子　69

Semiconductor crystal 半導體晶體　217

Semiconductor detector 半導體偵測器　217

Shadow casting 金屬投影　63, 67, 71, 74, 76, 78-79, 85, 104

Shadowing 投影　49, 63, 67, 71-79, 85, 93, 95, 98-99, 104, 192

Shape constant 形狀常數　203

Shining side 反光面　43

Side-entry 側進式　8

Signal collection efficiency 收集訊號效率　218

Signal-to-noise ratio 訊號/雜訊比值　217

Silicon escape peaks 矽消失波峰　220

Siliconize 矽酮化　148

Si (Li) detector 矽 (鋰) 偵測器　218, 220

Silver acetate 醋酸銀　229

Silver lactate 乳酸銀　229

Silver methenamine 六亞甲四胺銀　139-140

Silver nitrate 硝酸銀　64, 138

Silver proteinate 蛋白銀　140-141

Silver tape 銀膠帶　48

Single-stage replication 一次鑄模　78

Slide 玻片　41, 43-45, 166-168

Slide method 玻片法　44

Sodium acetate 醋酸鈉　136, 141

Sodium cacodylate 二甲砷酸鈉　26, 194

Sodium citrate 檸檬酸鈉　57, 147-149 胖

Sodium hypochloride 次氯酸鈉　79, 99

Sodium metabisulphite 焦亞硫酸鈉　168

Sodium sulfate 硫酸鈉　139-140, 168

Sodium sulfite 亞硫酸鈉　168

Sodium tetraborate 四硼酸鈉　168

Sodium thiosulfate 硫代硫酸鈉　139-140, 168

Sodium tungstate 鎢酸鈉　136-137

Solid angle in steradian 涵蓋角度　218

Solvent for dehydration 脫水溶劑　154, 173

Specimen chamber 樣品室　111, 123-124

Specimen current 試樣電流　213

Specimen holder 試樣架　224-225

Specimen stage 樣品座　98, 112, 124, 185

Specimen thickness 試樣厚度　223, 225

Spherical aberration 球面像差　11-12

Spot size 光點大小　8, 126

Spray freezing method 噴灑冷凍法　92

Spray method 噴灑法　69

Staining 染色　25, 28, 51-53, 55-59, 63-67, 69-70, 74, 76, 135-137, 139-140, 156,165, 193, 195, 205-206, 215, 222

Standard 標準試樣　224-228

Staphylococcus aureus 金黃色葡萄球菌　145

Stereo viewer 立體觀察鏡　206-207

Stereomicroscopy 立體顯微技術　191, 194, 206

Stereopairs 立體觀察鏡像組　206

Stereophotography 立體影像法　191

Stigmator 像散校正器　8-9, 13-14, 17, 19-20, 126, 129,

Stub 試樣台　98-99, 119, 123-124

Substrates infused with salts 浸鹽物　226

Subunit 次體　76

Sucrose 蔗糖　26, 36, 88, 137, 139, 156, 173, 226-227

Superimposed lines 繪線法　200-201

Superimposition of lines that completely traverse the micrograph 全圖繪線法　200-201

Support film 支持膜　41, 43-45, 49-51, 65-69, 74, 79, 224

Surface 表面　10, 43, 49, 59, 63, 71, 73, 76, 78-81, 90, 98, 101, 103-104, 111-112, 117-122, 124-125, 145-146, 148, 153, 174, 182, 191, 200, 206, 212-213, 217-218, 223

Surface area per unit test volume 胞器表

面積測量　200

Surface replication 表面鑄模　76, 78-81

T

Tannic acid 丹寧酸　30-31, 148-149

Tetrahydrofuran 四氫呋喃　173, 229

Thallium alcoholate 鉈醇鹽　137

Thallium ethylate 乙醇鉈　137-138

Thallium hydroxide 氫氧化鉈　138

Thermal advance 熱膨推進　45

Thiocarbohydrazide 硫卡巴肼　141

Thiol 硫醇　138

Thiosemic 2 rbazide-silver proteinate 硫半卡肼-蛋白銀鹽　140

Tilt 傾斜　14, 17, 45, 49-50, 52, 112, 126, 130, 185, 206-207,225

Tissue homogenates 組織均漿　226

Tonicity 伸張壓　194

Top-entry 頂進式　8

Transition 轉換　6, 9, 34, 112, 118, 120, 172, 217-218, 221, 228

Transitional fluid 轉換液　118, 120

Transitional solvent 過渡溶劑　34-35

Transmission 穿透　5-7, 9, 11, 28, 32, 35, 41, 54-55, 63, 85, 99, 111, 135, 145, 147, 167, 181, 206, 213-215, 219

Transmission Electron Microscope, TEM 穿透式電子顯微鏡　5-7, 9, 11, 28, 35, 41, 63, 71, 75, 85, 99, 111, 114, 117-118, 123-124, 181, 206, 213-215

Transmitted electrons 穿透電子　5, 145, 147, 213

Trimming 修整　41-42, 49, 52

Trisodium citrate 檸檬酸三鈉　148-149

Trough 水槽，波谷　4, 48-52, 165

Two-stage replication 二次鑄模　78

U

Ultramicrotome 超薄切片機　41, 45-46, 50, 183, 185

Ultrastructure 超顯微結構　3

Ultrathin section 超薄切片　41, 45-46, 50, 63, 85, 135, 156, 161, 165, 183, 192-193, 214, 228, 230

Under focus 焦前　15, 17, 19-21, 55

Uranyl acetate 醋酸鈾醯　56-58, 64-65, 135, 137, 156-157, 165, 195

Uranyl oxalate 草酸鈾醯　64

V

Vacancy 空隙　35, 212

Vacuum drying 眞空脫水　173

Vacuum evaporator 眞空蒸鍍機　66-67, 69, 72, 74-75, 79-80, 94, 119

Vacuum pump 眞空唧筒　6, 10, 13, 66

Vacuum suctioning 眞空吸引　184

Vacuum system 眞空系統　6, 10, 13, 66-67, 93, 111-123

Vacuum valve 眞空閥　13, 67-69

Vail 小玻璃瓶　27, 31

Vitrification 透明化　172

Voltage center 電壓中心　15-17

W

Wave motion 波動　4

Waveform 波形　124

Wavelength 波長　4-5, 13, 153, 213, 215-219

Wavelength dispersive detector 波長偵測儀　213, 219

Wavelength Dispersive Spectrometer, WDS 波長光譜儀　215, 217-218

Wehnelt cap 威氏罩　7-8

White radiation 白輻射　213, 227-228

Working chamber 操作室　66-69, 79, 93, 95-96, 120-121

Working distance 工作距離　124, 126, 127

X

X-ray analyzing crystal X光解析晶體　215

X-ray detector X光偵測器　215-216

X-ray energy X光能量　217-218, 220-221, 223

X-ray microanalysis X光分析法　181

X-ray photon X光光子　227

II. 中文名詞索引

1, 2-二氯乙烷 1, 2-dichloroethane 44

2-甲基丁烷 2-methylbutane 176

2, 6-二硝基酚 2,6-dinitrophenol 176, 230

A 蛋白 Protein A 145, 149

X 光分析法 X-ray microanalysis 181

X 光光子 X-ray photon 227

X 光光譜族群 Families of X-ray 221

X 光能量 X-ray energy 217-218, 220-221, 223

X 光偵測器 X-ray detector 215-216

X 光解析晶體 X-ray analyzing crystal 215

一劃

一次鑄模 Single-stage replication 78

乙二醇 Ethylene glycol 88, 171, 173, 229

乙烷 Ethane 44, 174

乙烯 Ethylene 88, 171, 173-174, 229

乙酸戊酯 Amyl acetate 44, 99

乙醇鉈 Thallium ethylate 137-138

乙醇過碘酸試劑 Buffered ethanolic periodic acid reagent 141

乙醚 Diethyl ether 176, 180-181, 226, 229-230

乙醯化 Acetylation 136-137

二劃

二次抗體 Secondary antibody 145-146, 156

二次電子 Secondary electron 5, 111-113, 115, 119, 124, 211-213

二次電子影像 Secondary Electron Image, SEI 113, 115, 146

二次鑄模 Two-stage replication 78

二甲亞碸 Dimethyl sulfoxide, DMSO 88, 171, 173, 175

二甲胂酸鈉 Sodium cacodylate 26, 194

二甲胂酸緩衝液 Cacodylate buffer 26, 156, 194

二甲基二氯矽烷 Dimethyl dichlorosilane 148

二甲基甲醯胺 Dimethylformamide 171

刀座 Knife stage 45, 49-50, 52, 93

丁基苯 Butyl benzene 92

三劃

工作距離 Working distance 124, 126-127

小玻璃瓶 Vail 27, 31

干涉 Interference 4, 17, 194

干擾訊號 Extaneous signals 217

三氯化銦 Indium trichloride 136-137

三聚氰酸 Cyanuric acid   176, 230

大環聚乙醚複合物 Macrocyclic polyether
    complexes   226

四劃

分子篩 Molecular sieve   180

切片 Sectioning   25, 32, 35, 41, 43, 45-46,
    48-54, 56-59, 63, 85, 118, 135, 137-139,
    141-142, 145, 154-156, 161, 164-166,
    171, 174, 180-185, 191-195, 199-207,
    214, 223, 226-228, 230-231

切片厚度 Section thickness   45-46, 50, 54,
    164, 184, 192-194, 199, 201-202, 204-
    206, 228

反光面 Shining side   43

反應核心 Nucleating sites   174

牛血清白蛋白 Bovine serum albumin
    151, 226

六亞甲四胺 Methenamine   139-140

六亞甲四胺銀 Silver methenamine   139-
    140

水和塑脂 Aquon   34

水槽，波谷 Trough   4, 48-52, 165

孔徑 Aperture   4, 8, 11, 14-15, 17-18, 43,
    55, 126-127, 138, 224

元素分布圖譜 Distribution maps   217

元素位移 Element redistribution   174,
    176, 229

元素離子干擾 Element contamination
    222

支持膜 Support film   41, 43-45, 49-51, 65-
    69, 74, 79, 224

中間鏡 Intermediate lens   8

互補複製模片 Complementary replicas
    98

丹寧酸 Tannic acid   30-31, 148-149

內質網 Endoplasmic reticulum   28, 30,
    86, 103, 196

化學固定 Chemical fixation   25, 30-31,
    85, 118, 154, 156, 171,183

五劃

丙二醇 Propylene glycol   229

丙烷 Propane   34-35, 89-92, 139, 174-176,
    178, 180, 182, 185, 229

丙烷噴射冷凍法 Propane jet freezing
    method   90, 92

丙烯 Propylene   28, 33-34, 138-139, 141,
    152, 154, 174, 176, 180-181, 229-230

丙烯醛 Acrolein   28, 138, 141, 176-177,
    180-181, 229-230

丙烯酸乙二酯 Glycol methacrylate   34

丙酮 Acetone   32-37, 43, 118, 123, 136-137,
    173, 176, 180, 229-230

丙酮/丙烯醛混合液 Acetone/acrolein
    mixture   230

戊二醛 Glutaraldehyde   28-31, 36, 89, 118,
    136-137, 139, 141, 154, 156, 173, 176,
    194, 230-231

正己烷 n-hexane   229

正染色 Positive staining   55, 63, 65

正焦 Just focus   17, 20

巨大細胞顆粒 Mast cell granule   136

弗氏劑 Formvar   44, 66, 180

弗氏膠膜 Formvar film   149, 155, 185,
    195, 228

平均自由徑 Mean free distance　10

平均面積法 Mean profile area　206

平板包埋 Flat embedding　35, 49

生物分子 Biomolecules　63, 76

生物胞膜 Biomembrane　85, 101-102

白金線圈 Platinum wire loop　79-80, 99

白蛋白 Albumin　151, 226, 227

白輻射 White radiation　213, 227-228

甘油 Glycerol　88, 154, 173, 175, 230

甘油/水混合物 Glycerol/water mixtures　230

甘醣體 Glycogen rosettes　205

可信限度 Confidence limit　199

可塑劑 Plasticizer　33

可變孔徑 Movable aperture　8, 15, 17-18, 126

包埋 Embedding　25, 28, 31-37, 41-42, 49, 52, 118, 135-139, 141, 154-156, 174, 176, 180-182, 184, 194-195, 226, 230

包埋劑 Embedding medium　25, 31-35, 42, 135, 174, 180-182, 226, 230

甲醛 Formaldehyde　28, 137, 139, 141, 173, 176

甲基丙烯酸 Methacrylate　33-34

甲酸 Formic acid　139

甲醇 Methanol　56, 58, 99-100, 229

甲醇/丙烯醛混合物 Methanol/acrolein mixtures　229

四氧化鋨 Osmium tetraoxide　28-29, 56, 154-156, 176, 194

四氫呋喃 Tetrahydrofuran　173, 229

四硼酸鈉 Sodium tetraborate　168

半峰寬度 Full Width of a peak at Half its Maximum height, FWHM　218

半距 Half-distance　163

半導體偵測器 Semiconductor detector　217

半導體晶體 Semiconductor crystal　217

石英薄膜厚度測量器 Quartz crystal film thickness monitor　94-96

石蠟紙 Parafilm paper　45, 155

外圍長度 Contour length　200

外推定量法 Quantitative extrapolative method　191

外源凝集素 Lectins　140, 145-146, 149

充電 Charging　119

加速電壓 Accelerating voltage　6, 14-15, 55, 124-125, 205, 211, 219, 225, 227

加速劑 Accelerator　33

主體 Main body　4, 6, 111

立體影像法 Stereophotography　191

立體顯微技術 Stereomicroscopy　191, 194, 206

立體觀察像組 Stereopairs　206

立體觀察鏡 Stereo viewer　206-207

六劃

伏氏緣紋法 Fresnel fringe method　17, 20

多孔膜 Holly film　17, 20

多餘能量 Excess energy　212

多頻道分析儀 Multichannel analyzer　221

多醣 Dextran　135, 138, 140, 226-227

自夾式鑷子 Self-clamping forceps　69

自動放射顯像術 Autoradiography　138, 161-164, 181

自動對焦 Auto focus 113, 124

自溶作用 Autolysis 27, 31

同步雷射束 Monochromatic laser beams 211

光管 Light pipe 112

光放大器 Photomultiplier 112

光點大小 Spot size 8, 126

污染 Contamination 8-9, 34, 68-69, 98, 100, 120, 124, 138, 148, 182, 217, 222, 226, 229

汎諾常數 Fano factor 218

次級螢光 Secondary fluorescence 224

次氯酸鈉 Sodium hypochloride 79, 99

次體 Subunit 76

回流冷凝器 Reflux condensor 149

冰晶 Ice crystal 87-93, 171-175, 183, 217, 230

冰蝕儀 Freeze etching apparatus 93-95, 98

色像差 Chromatic aberration 11-12

收集訊號效率 Signal collection efficiency 218

再結晶 Recrystallization 87-88, 92, 172

再結晶點 Recrystalization point 87-88, 92

全圖繪線法 Superimposition of lines that completely traverse the micrograph 200-201

交錯結合 Cross linkage 25, 28, 33

有機電解質混合物 Organic-electrolyte mixtures 226

七劃

角孔徑 Angular aperture 4

角質透明蛋白顆粒 Keratohyalin granule 136

作用體積 Interaction volume 111-112

低角度旋轉投影 Low angle rotary shadowing 76

低稠度樹脂 Low-viscosity resin 230

形狀常數 Shape constant 203

冷卻系統 Cooling system 6, 123

冷凍 Freeze 25, 46, 76, 81, 85-93, 96-99, 101-102, 104, 118-119, 145, 154, 156, 171-174, 176-185, 214, 226-227, 229-231

冷凍切片 Cryosection 145, 154, 156, 181-185, 226-227, 230-231

冷凍切片機 Cryomicrotom 183, 185

冷凍固定 Cryofixation 25, 85, 87, 89-91, 93, 96-98, 145, 154, 179

冷凍技術 freeze technigue 171-173

冷凍保存 Cryo-preservation 154

冷凍保護 Cryoprotection 88, 90, 92

冷凍乾燥 Freeze-drying 118-119, 181-182, 185, 214, 227, 230

冷凍超薄切片術 Cryo-ultramicrotomy 230

冷凍超薄切片機 Cryoultramicrotome 183, 185

冷凍置換法 Freeze substitution 174, 176-178, 180-181, 229-230

冷凍蝕刻 Freeze-etch 85, 104

冷凍劑 Cryogen 89-92

冷凍斷裂 Freeze-fracture 76, 81, 85, 97, 101-102, 104

冷凍斷裂複製模片　Freeze-fractured rep-
　　lica　76

冷凍鑄模　Freeze replication　173

冷凝阱　Cold-trap　79, 226

免疫球蛋白　Immunoglobulin IgG　146

杜柯塑脂　Durcupan　34

吡啶　Pyridine　136-137

吡啶－乙酸酐　Pyridine-acetic anhydride
　　136

伸張壓　Tonicity　194

呈像系統　Image forming system　6,8

八劃

放大倍率　Magnification　3, 4, 17, 113,
　　116, 127-128, 197-198, 200-201

放射顯像術　Radiography　138, 161-164,
　　181

抗污冷凝阱　Anti-contamination cold trap
　　226

抗污裝置　Anti contaminator　9

抗凍劑　Cryoprotectant　88-89, 171, 173,
　　175, 182, 227

固定　Fixation　25-32, 45, 49, 52, 56, 72, 79,
　　85, 87, 89-93, 96-99, 117-120, 123-124,
　　135-139, 141, 145, 154-156, 163, 166,
　　171, 173, 176, 179, 181, 183, 194, 196,
　　205, 213, 222, 226, 228-231

固定液　Fixtive　25-28, 30-31, 194, 228

初固定　Pre-fixation　31, 89, 194, 228, 230-
　　231

初固定材料　Prefixed specimens　230

初級抗體　Primary antibody　145, 156

初階放大器　Pre-amplifier　220

折射率　Refractive index　4

空氣乾燥　Air drying　118

空隙　Vacancy　35, 212

投射影像　Projected image　192

投射鏡　Projector lens　8,10

投影　Shadowing　49, 63, 67, 71-79, 85, 93,
　　95, 98-99, 104, 192

長帶　Ribbon　41, 48, 50-51

非專一性　Non-specific　136, 156

非彈性散射　Inelastic scattering　211

矽消失波峰　Silicon escape peaks　220

矽酮化　Siliconize　148

矽(鋰)偵測器　Si(Li) detector　218, 220

制動輻射　Bremsstrahlung　213

定量分析　Quantitative analysis　213, 223,
　　227

定影　Fix　10, 25, 31, 85, 165, 167-168, 230

金黃色葡萄球菌　*Staphylococcus aureus*
　　145

金屬投影　Shadow casting　63, 67, 71, 74,
　　76, 78-79, 85, 104

金屬台冷凍法　Metal block freezing
　　method　90

亞硫酸鈉　Sodium sulfite　168

乳酸銀　Silver lactate　229

物質波　Matter wave　5

物鏡　Objective lens　8-9, 15, 17-20, 55,
　　126-127, 224

物鏡孔徑　Objective aperture　17, 55, 126-
　　127, 224

物鏡可變孔徑　Objective movable aperture
　　8, 17-18, 126

明膠　Gelatin　163, 166, 198, 226-227

九劃

威氏罩 Wehnelt cap　7-8

染色 Staining　25, 28, 51-53, 55-59, 63-67, 69-70, 74, 76, 135-137, 139-140, 156, 165, 193, 195, 205-206, 215, 222

波形 Waveform　124

波長 Wavelength　4-5, 13, 153, 213, 215-219

波長光譜儀 Wavelength Dispersive Spectrometer, WDS　215, 217-218

波長偵測儀 Wavelength dispersive detector　213, 219

波峰 Crest　4, 185, 215, 219-225, 228

波峰強度測定 Peak intensity measurement　223-224

波峰鑑定 Peak identification　221

波動 Wave motion　4

後固定 Post-fixation　31, 137

後投影鑄模 Post-shadowing replication　78,79

前投影鑄模 Pre-shadowing replication　78, 79

冠狀醚 Crown ether　226

表面 Surface　10, 43, 49, 59, 63, 71, 73, 76, 78-81, 90, 98, 101, 103-104, 111-112, 117-122, 124-125, 145-146, 148, 153, 174, 182, 191, 200, 206, 212-213, 217-218, 223

表面鑄模 Surface replication　76, 78-81

負染色 Negative staining　55, 63-67, 69-70, 74, 76

咪唑 Imidazole　138

重組 Recombination　191, 205, 206, 211

重組法 Reconstruction method　191

重疊波峰解析 Deconvolution of peak overlaps　223

氟氯烷 Freon　89

穿透 Transmission　5-7, 9, 11, 28, 32, 35, 41, 54-55, 63, 85, 99, 111, 135, 145, 147, 167, 181, 206, 211, 213-215, 219

穿透式電子顯微鏡 Transmission Electron Microscope, TEM　5-7, 9, 11, 28, 35, 41, 63, 71, 75, 85, 99, 111, 114, 117-118, 123-124, 181, 206, 213-215

穿透電子 Transmitted electrons　5, 145, 147, 213

保溫杯 Dewar　176, 178, 217

相對標準差 Relative Standard Error, RSE　198

相機 Camera　10

相轉換 Phase transformation　228

洋菜膠 Agar　35, 178

計數 Counts　161, 218, 220-221, 225, 231

計數率 Count rate　215, 218, 220-221, 225, 231

面測法 Measurement by planimetry　196

面積/周長比率法 Mean profile area-perimeter ratio　206

十劃

氦 Helium　90, 176, 229

玻片 Slide　41, 43-45, 166-168

玻片法 Slide method　44

玻璃刀 Glass knife　41, 45, 47-49

埃氏光環 Airy disk　4, 11

核心沸騰 Nucleate boiling　174

核質 Nucleoplasm　28

核膜 Nuclear membrane　28

核醣體 Ribosome　63, 205

酒石酸鈉鉀 Potassium sodium tartrate　141

酒精 Ethanol　32-36, 43, 56, 118, 123, 137-139, 141, 156, 166, 173, 177, 182, 195, 229

眞空吸引 Vacuum suctioning　184

眞空系統 Vacuum system　6, 10, 13, 66-67, 93, 111-123

眞空唧筒 Vacuum pump　6, 10, 13, 66

眞空脫水 Vacuum drying　173

眞空閥 Vacuum valve　13, 67-69

眞空蒸鍍機 Vacuum evaporator　66-67, 69, 72, 74-75, 79-80, 94, 119

特性 X 光 Characteristic X-rays　212, 227

紙重法 Measurement by micrograph weighing　196

能值 Energy values　227

能量分析儀光譜脈衝僞像 EDS pulse-processing spectral artifacts　220

能量光譜 Energy spectra　215, 217-218, 220-221, 223

能量光譜儀 Energy Dispersive Spectrometer, EDS　215, 217-218, 220-221, 223

能量偵測儀 Energy dispersive detector　213

能量解析度 Energy resolution　218, 220

能量轉移 Energy transfer　211

高偵測率 High count rate　215

高偏壓 High bias voltage　217

高斯定律 Gaussian　218

高解析度 Highly resolution　215

高爾基體 Golgi complex　28, 103

高壓冷凍法 High-pressure freezing method　93

高靈敏度 Higher sensitivity　215

訊號/雜訊比值 Signal-to-noise ratio　217

修整 Trimming　41-42, 49, 52

閃爍計數器 Scintillation counter　161

閃爍器 Scintillator　112-113, 115

活體 In vivo　85, 228-229, 123

十一劃

酚 Phenol　138, 168, 176, 230

浸入冷凍法 Plunge freezing method　89, 91

浸入法 Dipping technique　166

浸泡 Immersion　27, 30, 32, 34, 43, 99-100, 118, 139, 148, 178

浸鹽物 Substrates infused with salts　226

乾切 Dry section　180, 182, 230

乾染 Dry staining　230

乾燥 Drying　32, 78-79, 117-120, 122-123, 149, 166-167, 173, 180-182, 185, 214, 227, 230

胞外頁表面 Extraplasmic Surface, ES　103

胞外頁裂面 Extraplasmic Fracture Face, EF　103-105

胞質頁表面 Protoplasmic Surface, PS　103-104

胞質頁裂面 Protoplasmic Fracture Face, PF　103-105

胞器出現頻度 Frequency distribution of organelle 202, 204

胞器表面積測量 Surface area per unit test volume 200

胞器數目 Organelle number 192-193, 202

蛋白銀 Silver proteinate 140-141

執行時間 Real-time 221

背向散射電子 Backscattered electron 5, 111-112, 113, 115, 146, 211, 213, 224

背向散射電子影像 Backscattered Electron Image, BEI 113, 115, 146

背景光譜消除法 Background Substraction 223

背景計數 Background counts 220

背景訊號 Background signal 223

背景圖譜 Continuum map 223

背景輻射 Background radiation 213

規則列點法 Regular arrays of points 197-198

副品紅鹼 Pararosaniline 137

氫氧化鉈 Thallium hydroxide 138

氫硼化物還原反應 Borohydride reduction 136

氫硼化鋰 Lithium borohydride 136

粗修整 Rough trimming 41

粗糙面 Dull side 43, 45

細胞化學 Cytochemistry 34, 135-136, 211, 231

細胞活性 Cell viability 165, 172

細胞質 Cytoplasm 27-28, 88, 101, 103-104, 196, 200-201, 205, 230

細胞內滲透壓 Cell osmolarity 172

細胞膜 Plasma membrane 28, 86, 99, 103-105, 172, 200

圈環法 Loop technique 166

停頓時間 Dead-time 221

停頓時間校正電路裝置 Dead-time correction circuitry 221

苦酮酸 Picolonic acid 176, 230

偵測器 Detector 112-113, 115, 161, 213, 215-218, 220-221, 225, 230

動態變焦 Dynamic focus 113, 126, 130

側進式 Side-entry 8

頂進式 Top-entry 8

基質原子數目 Matrix atomic number 227

粒線體 Mitochondrion 28, 63, 86, 103, 173, 196, 198-199, 201, 203

偏壓 Bias voltage 217

組織化學 Histochemistry 34, 181, 229

組織化學法 Histochemical techniques 181, 229

組織均漿 Tissue homogenates 226

旋轉投影 Rotary shadowing 76-77, 98-99

苯醯胺 Benzamide 176, 230

十二劃

最小樣品數 Minimal Sample Size, MSS 200

最小模糊圈 Circle of minimum confusion 11-12

最大有效放大倍率 Maximum useful magnification 4

無水丙酮 Absolute acetone 136

無效放大倍率 Empty magnification 4

無機物 Inorganic materials 226

無機樹脂混合物 Inorganic resin mixtures 226

硬化劑 Hardener　33

硫卡巴肼 Thiocarbohydrazide　141

硫半卡肼－蛋白銀鹽 Thiose-micarbazide-silver proteinate　140

硫代硫酸鈉 Sodium thiosulfate　139-140, 168

硫酸鈉 Sodium sulfate　139-140, 168

硫酸銨 Ammonium sulfate　139

硫醇 Thiol　138

異戊烷 Isopentane　175-176, 229

採用點數 Number of points to be pointed 198-201

氯仿 Chlorotoform　148

單向投影 One-directional shadowing 75-77, 98-99

軸長比率法 Profile aixal ratios　206

焦亞硫酸鈉 Sodium metabisulphite　168

焦亞硫酸鉀 Potassium metabisulphite 137

焦後 Over focus　15, 17, 20, 55, 207

焦前 Under focus　15, 17, 19-21, 55

焦深 Depth of focus　19

氮泥 Nitrogen slush　89-90, 175, 180

球面像差 Spherical aberration　11-12

液性鑲嵌模型 Fluid mosaic model　101-102

液態氦 Liguid helium　90, 176

液態氮 Liguid nitrogen　9, 89-93, 174-176, 180, 182, 184-185, 217, 229

清洗 Cleaning, Rinsing　44, 57-59, 79-80, 85, 98-101, 137-140

茜素 Alizarin　176

像差 Lens aberrations　11-13, 17

像散 Astigmatism　8-9, 11, 13-14, 17, 19-20, 126, 129

像散校正器 Stigmator　8-9, 13-14, 17, 19-20, 126, 129

散射電子 Scattered electron　5, 11, 18, 111-113, 115, 146, 211, 213, 224

場效電晶體 Field Effect Transistor, FET 217, 221

胺基 Amino group　138

景深 Depth of field　54, 111, 124, 126-127, 130

掃描式電子顯微鏡 Scanning Electron Microscope, SEM　5, 76, 111-114, 116-118, 120, 123-124, 126, 128, 181, 206, 212, 214-215

掃描穿透式電子顯微鏡 Scanning Transmission Electron Microscope, STEM 5, 181, 214-215

掃描線圈 Scanning coils　112

草酸 Oxalic acid　64, 176, 229-230

草酸鉀 Potassium oxalate　229

草酸鈾醯 Uranyl oxalate　64

硝酸鉛 Lead nitrate　57

硝酸銀 Silver nitrate　64, 138

短線排列法 An array of short lines　200-201

脈衝僞像 Pulse-processing spectral artifacts　220

脈衝解析器 Pulse-processor　220-221

脈衝疊積 Pulse pile-up　220-221

脈衝疊積區別 Pulse-pile-up discrimination 221

涵蓋角度 Solid angle in steradian 218

脂雙層 Lipid bilayer 28, 30, 101-102

超薄切片 Ultrathin section 41, 45-46, 50, 63, 85, 135, 156, 161, 165, 183, 192-193, 214, 228, 230

超薄切片機 Ultramicrotome 41, 45-46, 50, 183, 185

超顯微結構 Ultrastructure 3

晶體介面空間 Interplanar spacing of a crystal 216

十三劃

電子束 Electron beam 7-9, 14-15, 17, 25, 33, 43, 65-66, 72, 94, 111-113, 117, 119, 126, 130, 205, 211-215, 217-218, 220-221, 223, 225-226, 230-231

電子束交叉 Gun crossover 8

電子束傾斜裝置 Beam tilt 17

電子波 Electron wave 5

電子訊號 Electronic signal 112, 217-218

電子探束 Electron probe 111-113, 124, 126

電子微探分析儀 Electron Probe Microanalyzer, EPMA 5

電子槍 Electron gun 7-8, 14-15, 72-73, 111

電子蒸鍍槍 Electron beam gun 72, 74, 80, 94

電流中心 Current center 15-17

電路系統 Electronic system 6, 14

電解質 Electrolyte 152, 226

電解質溶液 Electrolytes solution 226

電磁波 Electromagnetic waves 211

電磁訊號 Electromagnetic signal 217

電磁透鏡 Electromagnetic lens 3, 8, 11, 13, 111-112, 126

電壓中心 Voltage center 15-17

微小管 Microtubule 27, 30, 104

微修整 Precision trimming 41, 49

微絲 Microfilament 104

微滴 Microdroplets 226

脫水 Dehydration 25, 31, 32, 34-35, 79, 117-118, 123, 135-139, 141, 154, 156, 171, 173-174, 181, 194-195, 213

脫水溶劑 Solvent for dehydration 154, 173

碘化鎘 Cadmium iodide 64-65

照明系統 Illuminating system 4, 6-7

解析度 Resolution 3, 161, 215

解像力 Resolving power 3-5, 11, 13, 17, 19, 54, 63, 65, 72-74, 111, 113, 124-126, 128, 163-165, 167

硼砂 Borax 138-139, 152-153

硼砂緩衝液 Borax buffer 152-153

硼酸 Boric acid 139, 168

測面儀 Planimetry 195-196

鈹屏 Beryllium window 219

羥基 Hydroxyl group 137, 140

羥烯澱粉 Hydroxyethyl starch 226-227

傾斜 Tilt 14, 17, 45, 49-50, 52, 112, 126, 130, 185, 206-207, 225

傾斜角度 Clearance angle 49, 52, 130, 185

試樣台 Stub 98-99, 119, 123-124

試樣架 Specimen holder 224-225

試樣厚度 Specimen thickness　223, 225
試樣電流 Specimen current　213
試樣網 Grids　43, 137, 139-141, 155, 166-168, 222-225
試樣選取 Sampling　195
試樣穩定性 Sample stability　225
準確定量 Highly quantitative　215
鉈醇鹽 Thallium alcoholate　137
填膠組合 Gel-filled combination　152
塑膠膜 Plastic film　43-45
迴轉式唧筒 Rotary pump　10-11, 13, 67-68, 93, 120
游離 Ionize　212, 215, 227

十四劃

製刀鉗 Glasier's plier　45
製刀機 Knife maker　46-47
對比(對比度) Contrast　3-4, 8, 17-19, 21, 52, 54-56, 63-65, 71, 77, 98, 113, 126, 135, 157, 165, 192-193, 200, 204-205
對甲基胺基酚硫酸酯 p-methylamino-phenol sulfate　168
對焦 Focusing　10, 17, 19-21, 55, 113, 124, 126, 130, 152, 207
維生素 C Ascorbic acid　167-168
聚丙烯醯胺等電聚焦 Polyacrylamide isoelectric focusing　152
聚光鏡 Condenser lens　7-8, 14-15, 126, 128, 224
聚光鏡孔徑 Condenser aperture　224
聚光鏡電流 Condenser current　126, 128
聚碳酸脂 Poly carbonate　152
輔助激發源 Auxiliary excitation　211

透明化 Vitrification　172
飽和點 Saturation point　14, 124
滴染法 Drop method　44, 69
溶素體 Lysosome　27, 196, 201
溶劑脫水 Dehydration by organic solvent　173
偽像 Artifacts　171, 173, 181, 218, 220-221
銅網 Copper grid　41, 43, 45, 50-51, 57, 59, 66-69, 74, 79, 99, 149, 156, 185, 195
鉻酸 Chromic acid　99, 148
福爾根-席夫-三甲基鉈法　Feulgen-Schiff-Thallium methylate　137
茶酸鈣 Calcium naphthenate　226
碳酸鉛 Lead carbonate　58-59
碳膜 Carbon film　43-44, 66, 68-69, 98, 165
銀膠帶 Silver tape　48
連續 X 光 Continuum X-rays　213, 218

十五劃

鋨 Osmium　28, 36, 56, 137, 173
標本臂 Arm　45, 49, 52, 180
標準校正晶體 Crystal calibration standard　226
標準試樣 Standard　224-228
線曳法 Line drawing method　17, 19
線掃描 Line scans　217
線測法 Measurement by lineal analysis　196
蝕刻 Etching　85, 93, 96, 98, 104, 155-156
樣品室 Specimen chamber　111, 123-124
樣品座 Specimen stage　98, 112, 124, 185
樣品塊修整 Block trimming　41-42, 52
漂染法 Float method　69

彈性散射 Elastic scattering　211, 227

質量厚度 Mass thickness　54, 223

影像處理 Image processing　113

影像轉換系統 Imáge translating system　6, 9

歐傑電子 Auger electron　111, 212-213

滲透 Infiltration　25-28, 33-35, 171, 180, 182, 194

滲透壓 Osmolarity　26, 194

醋酸 Acetic acid　56-58, 64-65, 135-137, 141, 156-157, 165, 195, 229

醋酸鈉 Sodium acetate　136, 141

醋酸鈾醯 Uranyl acetate　56-58, 64-65, 135, 137, 156-157, 165, 195

醋酸銀 Silver acetate　229

複製模片 Replica　63, 76, 78-80, 85-86, 96, 98-101, 104, 173

葉綠體 Chloroplast　28, 103

漸進平均值 Progressive mean　199

緩衝溶液 Buffer　26, 30-31, 36, 137, 141, 152, 156, 194

熱膨推進 Thermal advance　45

十六劃

積分 Integration　224, 227

蓋氏計數器 Geiger counter　161

螢光板 Fluorescent screen　9-10, 14, 16-17, 19, 135

螢光幕 CRT　112-113, 126, 223

親和性管柱 Affinity column　150

噴射冷凍儀 Cryo-jet freezer　92-93, 97-98

噴灑冷凍法 Spray freezing method　92

噴灑法 Spray method　69

機械推進 Mechanical advance　45-46

錯焦 Defocus　17, 21, 55

激發 Excitation　211-212, 219, 224

燈絲 Filament　7-8, 11, 14, 104, 124

燈絲電流 Beam current　124

樹脂 Resin　33, 35, 37, 137-139, 141, 154, 156, 175, 180, 226, 230

靜電場 Electrostatic field　213, 227

過碘酸 Periodic acid　140-141, 154-156

過碘酸鹼式鉍 Periodic acid-alkaline bismuth　141

過渡溶劑 Transitional solvent　34-35

過錳酸鉀 Potassium permanganate　29

陰極螢光 Cathodoluminescence　206, 212

蒸鑄 Backing　76, 79, 94, 98, 100

十七劃

磷灰石 Apatite　226

磷脂 Phospholipid　101, 136, 138

磷酸緩衝液 Phosphate buffer　26, 137

磷鎢酸 Phosphotungstic Acid, PTA　64-65, 139

螯合劑 Chelating agent　229

操作室 Working chamber　66-69, 79, 93, 95-96, 120-121

濃度換算 Concentration calculation　227

臨界點 Critical point　118-120, 122-123

臨界點乾燥法 Critical point drying　118

臨界溫度 Critical temperature　122

臨界壓力 Critical pressure　122-123

雜訊 Noise　217, 220

醛基 Aldehyde group　28, 138, 140-141

醛醇縮合作用 Aldol condensation　28

醛類 Aldehyde 28, 30, 36, 89, 118, 136-141, 154, 156, 173, 176, 194, 230

顆粒直徑 Particle diameter 193

膠棉 Collodion 44, 99

膠囊 Beem capsules 35, 49

膠體金 Colloidal gold 145-153, 156

點測法 Measurement by point counting 196-197, 199

蔗糖 Sucrose 26, 36, 88, 137, 139, 156, 173, 226-227

十八劃

雙向投影 Bi-directional shadowing 76-77

雙重染色 Double staining 56-57

雙酯鍵結 Diester crosslinkage 29

繞射 Diffraction 4, 17, 216, 228

繞射係數 Order of diffraction 216

環氧丙烷 Propylene oxide 33-35, 139, 229

環氧樹脂 Epoxy resin 33, 137-139, 141, 154, 226

斷裂 Fracturing 41, 45-47, 76, 81, 85, 93, 95-98, 101-102, 104

斷裂面 Fracture face 85, 97-98, 101

轉換 Transition 6, 9, 34, 112, 118, 120, 172, 217-218, 221, 228

轉換液 Transitional fluid 118, 120

鎢酸鈉 Sodium tungstate 136-137

覆膜 Coating 117, 119-123, 166, 174

檸檬酸－丹寧酸 Citrate-tannic acid 148-149

檸檬酸三鈉 Trisodium citrate 148-149

檸檬酸鈉 Sodium citrate 57, 147-149

檸檬酸鉛 Lead citrate 56-59, 135, 165, 195

十九劃

離子束 Energetic ion beams 211

離子濃度 Ion concentration 150, 172-173

離子覆膜機 Ion coater 119-121

擴大器 Amplifier 217, 220

擴散式唧筒 Diffusion pump 10-11, 13, 67-68, 93

濺出 Emitted 212

鏡柱 Column 6, 9-10, 13, 15, 112, 114, 150

繪圖儀輪法 Cartographer wheel 200

繪線法 Superimposed lines 200-201

薄膜狀態 Partial film 174

薄膜沸騰狀態 Incipient film boiling 174

二十劃

鐘罩 Bell jar 66-68, 75

二十一劃

鐵蛋白 Ferritin 63, 145

隨機佈點法 Random arrays of points 198

二十二劃

蘇木色素 Hematoxylin 135

灌流 Perfusion 30-31

鑄模 Replication 63, 67, 76, 78-81, 85, 93, 95, 97, 111, 173

疊積排除器 Pile-up rejector 221

二十三劃

顯像系統 Display system   111

顯影 Development   10, 55, 163-164, 166-
    168

纖維素乙酸酯 Cellulose acetate   152

髓鞘 Myelin sheath   29

二十四劃

鹼式硝酸鉍 Bismuth subnitrate   141

驟冷液 Quench liquid   174-176, 180

二十五劃

鹽水 Saline   226

鹽酸副薔薇苯胺 Pararosaniline hydroch-
    loride   137

二十七劃

鑽石刀 Diamond knife   45

科儀叢書 4

生物電子顯微鏡學

初　　版 / 中華民國八十年七月
初版八刷 / 中華民國九十六年四月
作　　者 / 陳家全、李家維、楊瑞森

發 行 人 / 陳建人
發 行 所 / 財團法人國家實驗研究院儀器科技研究中心
　　　　　新竹市科學工業園區研發六路 20 號
　　　　　電話：03-5779911 轉 303、304
　　　　　傳真：03-5789343
　　　　　網址：http//www.itrc.org.tw
行政院新聞局出版事業登記證局版臺業字第 2661 號

定　　價 / 精裝本　新台幣 400 元
　　　　　平裝本　新台幣 300 元
郵撥戶號 / 00173431
　　　　　財團法人國家實驗研究院儀器科技研究中心

打字暨印刷 / 彩言商業設計社 03-5256909

ISBN 957-00-0152-6 (精裝)
ISBN 957-00-0153-4 (平裝)

國立中央圖書館出版品預行編目資料

生物電子顯微鏡學／陳家全，李家維，楊瑞森 作。
——初版。——新竹市：國研院儀科中心，民80
288 面：23公分．——(科儀叢書；4)
含參考書目及索引
ISBN 957-00-0152-6 (精裝)
ISBN 957-00-0153-4 (平裝)

1.生物學—技術　　2.電子顯微鏡

368.5　　　　　　　　　　　　　　　　80001542